图书在版编目（CIP）数据

弗洛伊德：日常生活中的精神病理学 /（奥）弗洛伊德著；杨惠译. —北京：世界图书出版有限公司北京分公司，2023.8

ISBN 978-7-5232-0744-4

Ⅰ.①弗… Ⅱ.①弗… ②杨… Ⅲ.①弗洛伊德（Freud, Sigmmund 1856—1939）—精神分析 Ⅳ.①B84-065

中国国家版本馆CIP数据核字（2023）第163260号

书　　名	弗洛伊德：日常生活中的精神病理学	
	FULUOYIDE: RICHANGSHENGHUO ZHONG DE JINGSHENBINGLIXUE	
著　　者	［奥］弗洛伊德	
译　　者	杨　惠	
策划编辑	李晓庆	
责任编辑	李晓庆	
装帧设计	人马艺术设计	
出版发行	世界图书出版有限公司北京分公司	
地　　址	北京市东城区朝内大街137号	
邮　　编	100010	
电　　话	010-64038355（发行）　　64033507（总编室）	
网　　址	http://www.wpcbj.com.cn	
邮　　箱	wpcbjst@vip.163.com	
销　　售	新华书店	
印　　刷	三河市国英印务有限公司	
开　　本	880mm×1230mm　1/32	
印　　张	8.75	
字　　数	180千字	
版　　次	2023年9月第1版	
印　　次	2023年9月第1次印刷	
国际书号	ISBN 978-7-5232-0744-4	
定　　价	49.80元	

弗洛伊德
日常生活
精神病理

The
Psychopathology
of
Everyday Life

Sigmund Freud

[奥] 弗洛

 中国出版集团有限公司

 世界图书出版公司
北京　广州　上海　西安

Contents 目录

第一章
专属名的遗忘

1898年，我发表了一篇名为《论遗忘的心理机制》^①的小文章。现在，我想先复述一下这篇文章的内容，再以此为起点，开始进一步的探讨。

在这篇文章中，我从心理学角度分析了一个普遍案例，这个案例中的患者会暂时忘记那些专属名。另外，我还观察到一个意义重大的实例。于是，我得出结论：记忆减退，是一种时常发生，但实际上并不那么重要的心理功能缺失；对于它，我们完全可以给出一种超乎常规的解释。

人们常常回忆不起自己知道的名字，如果让普通心理学家来解释其中的原委，他可能会沾沾自喜地回答说，相比其他内容，名字的确更容易被遗忘。对于这种"遗忘倾向"，他可能会给出一些合理的推论，但关于这个过程中的深层决定因素，他就不得而知了。

我观察过一些特例，详尽透彻地研究过暂时遗忘的现象。当然，这些特例并不普遍，但在某些个案中却表现得很明显。患者不但会遗忘，还会误记：虽然他竭尽全力想记起某个名字，但进

---

① 见《精神病学月刊》。——原注

入意识的却是另一些名字——一些替代名。虽然他马上就能意识到这些名字是错的，但它们还是会强行冒出头来。记忆过程本该指向那个被遗忘的名字，但这个过程好像发生了偏移，因此，他最终记起的，是一个不正确的名字。

于是，我做出了一个假设：这种偏移并非随意出现，而是遵循了某些规律和原理。换句话说，我认为这个替代名（也可能是一些替代名）与被遗忘的名字之间有直接关联。如果我能成功地证明这种联系，就有望揭示人们遗忘名字的根源了。

在1898年的那篇文章中，我分析了一个案例，即我怎么也记不起在奥维多大教堂①穹顶上画《末日审判》的大师叫什么名字了。那个被我遗忘的名字本应是西诺莱利（Signorelli）②，但另外两个艺术家的名字——波提切利（Botticelli）③和博尔特拉菲奥（Boltraffio）④——却不断出现在我脑中。我立即判断出这两个名字是不对的，并坚决地否定了它们。最后，有人说出了那个正确的名字，我没有迟疑，立马知道那个名字是对的。

是什么让西诺莱利（Signorelli）变成了波提切利（Botticelli）和博尔特拉菲奥（Boltraffio）呢？我研究了引发这种偏移的作用和其中的联想关系，得出了以下结论：

① 意大利最具标志性的哥特式大教堂之一。
② 卢卡·西诺莱利（1445—1523），意大利文艺复兴时期的画家。
③ 波提切利（1445—1510），15世纪末意大利佛罗伦萨著名画家。
④ 博尔特拉菲奥（1466或1467—1516），意大利画家。

（1）记不起西诺莱利（Signorelli）这个名字，我知道，既不是因为我对这个名字本身很陌生，也不是因为这个名字所附着和关联的心理特征。我对被遗忘的这个名字和其中的一个替代名——波提切利（Botticelli）的熟悉程度相当。比起另一个替代名——博尔特拉菲奥（Boltraffio）来说，我可能对它还更熟悉一些。我对博尔特拉菲奥（Boltraffio）知之甚少，只知道它属于米兰派。它们的联系——在这种联系中，发生了我忘记这个名字的事情——在我看来，没有什么害处，我也不知道该怎样进一步解释。

事情是这样的：我和一个陌生人同坐一辆马车，从达尔马提亚的拉古萨①去黑塞哥维那②的一个车站。我们不知不觉谈到在意大利旅行的事，然后，我问这位同行者，他是否去过奥维多③，看过那幅著名的壁画。

（2）我一直无法解释自己为什么忘了这个名字。后来，我想起了我们在本次对话前讨论的话题，这才恍然大悟。这种遗忘应该被归结为"前一个话题干扰到了新的话题"。简言之，在我问我的旅伴是否去过奥维多之前，我们一直在讨论居住在波斯尼亚和黑塞哥维那的土耳其人的习俗。我讲述了从一位同行那里听来的事，他就在那个地方为这些土耳其人治病。那里的土耳其人非常信任医生，同时表现出一副听天由命的样子。如果有人告诉

---

① 克罗地亚东南部港口城市。
② 位于巴尔干半岛，紧邻克罗地亚。
③ 意大利城市。

他们，某位病人已经没治了，他们会回答说："先生（Herr），我能说什么呢？我知道，如果他还有救，你一定会救他的！"

在我们的谈话中，出现了以下词语和名称：波斯尼亚（Bosnia）和黑塞哥维那（Herzegovina），以及先生（Herr）。我想，这几个词，可能与西诺莱利（Signorelli）、波提切利（Botticelli）和博尔特拉菲奥（Boltraffio）有关。

（3）我猜测，有关土耳其人在波斯尼亚的习俗等一系列想法干扰到了之后的思考，因为在它停止之前，我就转移了注意力。我记得，我本想再讲另一件关于土耳其人的事。这些土耳其人把性快感看得比什么都重，如果性生活有碍，他们会陷入彻底的绝望之中。这一点与他们听天由命的生活态度，形成了奇妙的对比。我同行的一个病人曾经告诉过他："你要知道，先生（Herr），如果没了那东西，生活也就没意思了！"

我极力控制着，不去说土耳其人的这种性格特征，因为我不想在和陌生人交谈时触及如此微妙的话题。不仅如此，我还把自己的注意力从可能与"死亡和性"有关的想法上移开了，不让这种念头延续下去。其实，那时候，我仍受到一则消息的影响，说有"后遗症"也不为过。就在几周前，我短暂地在特拉福伊（Trafoi）逗留了一下。那时，我得到一个消息：我的一个病人死了。我为他费尽心力，希望能够治好他，但他终因无法治愈的性功能障碍而结束了生命。我明确地知道，在黑塞哥维那旅行时，这一不幸事件，以及与它相关的一切，并不在我的意识范围内。然而，特拉福伊（Trafoi）和博尔特拉菲奥（Boltraffio）这两个词有重合之处，我不得不猜测，虽然我有意地想移开自己的注意力，但这件事一直在我心里发酵。

（4）因此，我不能认为忘记西诺莱利（Signorelli）这个名字只是偶然事件。我必须找出动机在这个过程中所产生的影响。这些动机打断了我交谈过程中出现的想法（如与土耳其人习俗相关的想法等），随后又影响了我，让我把与之相关的想法排除在意识之外。这些动机也可能会引向我在特拉福伊听到的不幸事件，这也就是说，我想忘记一些事情，我压抑了一些东西。可以肯定的是，我希望忘记的，一定不是在奥维多大教堂作画的那位大师的名字，而是另外一些东西，但大师的名字与它有着某种联系，会让我联想到它。因此，我的意志行为失去了这个目标，违心地遗忘了"我想记起的名字"，但事实上，我有意想忘记的却另有内容。不愿意记起的，是一些内容，但记忆力却指向了另一些内容。如果不愿记起的心理状态和内容指向同一个地方，情况显然会简单一些。这些替代名似乎不再像我给出这种解释之前那么不合理了。它们（以折中的形式）提示我，我想记起的内容，正好就是我想忘记的，并且向我表明，我想忘记某件事这个目标，既没有完全成功，也没有失败。

（5）被遗忘的名字与被压抑的主题（死亡和性等）之间存在着联系，因为波斯尼亚（Bosnia），黑塞哥维那（Herzegovina）和特拉福伊（Trafoi）这几个词有重合的地方，但这种联系并非那么简单。我试着用下图来标示这些联系。在1898那篇文章中，我也曾用过这张图。

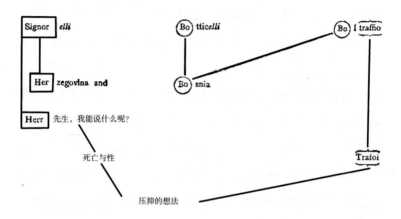

如图所示，西诺莱利（Signorelli）这个名字可分为两部分。其中，"elli"这部分音节保留在了替代名中，而另一部分音节"Signor"（先生），被翻译成德语中的先生，"Herr"与被压制主题中所包含的名字产生了千丝万缕的联系，也因此被忘记了。替代名的形成方式表明，同样的联想——"Herzegovina and Bosnia"，且不论感官和听觉的界限，也导致了想法的偏移。因此，在这个过程中，这些名字如上图所示，仿佛变成了字谜（rebus）。但是，对于整个过程，我完全没有意识。于是，这几个替代名冒了出来，我怎么也想不起西诺莱利（Signorelli）这个名字了。乍一看，包含西诺莱利（Signorelli）这个名字的主题和前一个被压制的主题之间似乎并没有明显的关系。

其他心理学家也设想过记忆再现和遗忘的条件，但我想说的是，我的解释和他们的假设并不矛盾。我所做的，只是在某些情况下，在长期以来被认为是导致遗忘人名的因素之外再加上一个动机因素，从而揭示误记的机制。在我这里，这些假设倾向也是必不可少的，这样才可能让被压抑的因素在联想上控制住需要被想起的名字，把它压制下去。如果回忆条件更加有利，这种回忆不起名字的情况也许不会发生，因为被抑制的元素会不断反抗，以其他方式显现出来。但是，只有在条件适宜的情况下，这种事情才会成功。其他时候，压抑是成功的，也不会引起功能紊乱，或者换句话说，不会产生症状。

在归纳总结因为误记而忘记名字的条件时，我们发现了以下几点：有共同点的地方更容易被遗忘；近期有压抑；相关名字和先前被压抑的因素之间会引发非主观（outer）联想。我们不太可能高估第三个条件，因为在大多数情况下，联想都非常容易发生。但是，这种非主观联想是否真的可以提供适当条件，让被压抑的因素阻碍人们回忆起所需的名字，或者，两个话题之间根本就不必有什么密切的联系，是一个完全不同且影响深远的问题。如果只是粗略思考一下，你可能会否决后一个必要条件，认为两个完全不同的内容有短暂的交汇就足够了。然而，经过认真研究，你会发现，这两部分因素（被压抑的和新出现的），除了内容上的联系之外，还由一种非主观联想联系在一起。这一点，西诺莱利（Signorelli）这一案例就可以证明。

分析西诺莱利（Signorelli）一例时所获得的认识是否具有价

值，取决于我们认为这个过程是具有普遍性的，还是这个案例中特有的。我坚持认为，大多数情况下，由误记引起的姓名遗忘都与西诺莱利（Signorelli）这个案例中呈现的过程一致。每当我在自己身上观察到这种现象时，都可以用上述方式来解释：压抑是其驱动力。

我还必须提及另一个观点，它会证明我们的分析具有典型性。我认为，把误记引起的姓名遗忘，与不正确替代名没有强行出现而产生的姓名遗忘分开，是不合理的。这些替代名在许多案例中都会自发地出现；在另一些案例中，它们不是自发出现的，需要通过集中注意力才会浮现出来。但是，它们与自发冒出来的替代名一样，与被压抑因素和被遗忘的名字具有相同的联系。

在替代名进入意识的过程中，发挥作用的似乎有两种因素：

（1）注意力的不懈努力；

（2）依附于心理的内在决定因素。

就后一种因素而言，人们的能力有大有小，但正是这种能力，构建了两个因素之间所需的非主观联系。在许多案例中，遗忘姓名并不是由误记引起的，这类案例属于形成替代名的情况，其机制与西诺莱利（Signorelli）一例中的机制相对应。但是，我不敢断言，所有遗忘姓名的案例都属于同一种情况。毫无疑问，在某些案例中，遗忘姓名的过程要简单得多。因此，对于遗忘专属名这种情况，我们可以说，除了纯粹地忘记了，也有因为压抑引起的遗忘。我想，这样的陈述要更加严谨吧！

第二章

外语词的遗忘

在正常功能范围内，我们似乎不容易忘记母语中的一般词语，但外语词就不同了。说外语的时候，人们总是动不动就忘词。事实上，这种机能失调取决于我们自己的整体状态和疲劳程度，它的首要表现就是我们无法始终如一地支配外语词汇。在一些情况下，这种遗忘的机制与在西诺莱利一例中相同。为了说明这一点，我将详细地分析一个案例。这次分析很有价值，当事人引用了一句拉丁诗句，但他忘记了其中的一个词，而且，这个词不是一个名词。在继续之前，请允许我先完整而清楚地描述一下事情的前因后果。

去年夏天，我去度假旅行，遇到了一个以前就认识的大学生。不久，我就注意到，他很熟悉我的作品。谈话中，我们无意中——原因我已记不起来了——谈论起我们种族所处的社会地位。于是，他豪情万丈地哀叹，他这一代人（他是这样表述的）注定要出现成长问题，难以发展自己的才能，愿望也得不到满足。最后，他引用了维吉尔①的著名诗句，情绪激昂地结束了这

---

① 维吉尔（公元前70—公元前19），古罗马诗人，后面提到的狄朵与埃涅阿斯是其著名史诗《埃涅阿斯记》中的主人公。

番言论：

"Exoriar(e) ex nostris ossibus ultor！"

在他引用的这句诗中，不幸的狄朵（Dido）誓要后世子孙为她向埃涅阿斯（Aeneas）复仇。其实，与其说"他结束了这番言论"，我更应该说"他想要结束这番言论"，因为他不能完整地引用这句诗文，并试图掩饰自己记忆中的空白。于是，他把"Exoriare"一词换成了"Exoriar ex"。整个句子也因此变成了他所说的"Exoriar（e）ex nostris ossibus ultor！"（从我的骨骼中取出）。

他有点儿恼羞成怒，说："请不要摆出一副嘲笑的样子！我已经很难堪了，你还在幸灾乐祸！帮我把这句话说出来不好吗？我说得不完整，完整的诗句是怎么说的来着？"

"乐意效劳。"我回答说，并正确地说出了原句：

"Exoriar（e）aliquis nostris ex ossibus ultor！"（我的骨肉中必有人为我复仇！）

"我怎么会忘记这个词，真是太蠢了！"他说，"啊，我知道你认为遗忘都是有原因的。我很好奇，想知道我为什么会忘记这个句子中的'aliquis'（有人）这个不定代词。"

我很高兴地接受了他的战书，因为我也想在自己的作品中添上这么一笔。于是，我说："这也容易，但我需要你不带任何评价、坦率地告诉我一切。你先集中自己的注意力，然后告诉我，想到被遗忘的这个词时，你脑子里出现了什么？注意，不要刻意去想。"①

"好的。一个荒唐的想法，这个词被分成了两个部分，'a'（无）和'liquis'（液体）。"

"这意味着什么呢？"

"我不知道。"

"你还想到了什么？"

"一连串的词，从'遗迹'（reliques）到'液化'（liquidation），再到'液态'（liquidity），然后是'液体'（fluid）。"

"现在你能想到它们的意义吗？"

"不，一点儿也想不到。"

"那我们继续。"

"现在，我想到了特伦托的西蒙（Simon of Trent）②，"他冷笑着说，"两年前，我在特伦托的教堂看到了他的遗骨。我想到往日的指控如今又被强加在了犹太人身上，然后想到了克莱恩保罗（Kleinpaul）③的作品。他在这些所谓的牺牲中看到轮回或复兴。我还想到了救世主。"

"嗯，这些想法与我们之前讨论的主题有关。这之后，我们才开始讨论你忘记那个拉丁词的话题。"

---

① 这是将隐藏思想带入意识的常用方式，参见《梦的解析》。——原注
② 引发反犹太人高潮的"血祭事件"的男童。
③ 克莱恩保罗（1845—1918），德国思想家、哲学家、比较语言学家。

"你说得不错。我现在想到了意大利期刊上的一篇文章，我最近才读过它。我记得它的标题是'圣奥古斯丁①论女性'。你觉得这有什么含义呢？"

我没有说话，只是等着他说下去。

"现在，我想到了一些事，但它们肯定与主题无关。"

"嗯，请不要带有任何评价，而且……"

"哦，我知道了！我记起上周在旅行时遇到了一位风度翩翩的老先生。他不同于一般人（original type），看起来像一只猛禽。如果你想知道的话，他的名字叫本尼迪克特（Benedict）。"

"好吧，至少，你说出了不少圣者和一群圣徒以及教会神父的名字：圣西蒙（St. Simon），圣奥古斯丁（St. Augustine），还有圣本尼迪克特（St. Benedict）。我相信，过去曾有一位叫作奥利金斯（Origins）的教会神父。此外，其中的三个名字都是教名，就像克莱恩保罗这个名字中的'保罗'（Paul）。"

"现在，我又想到了圣亚努阿里乌斯（St. Januarius）②和他的'圣血奇迹'。我觉得，这些想法一个接一个，我控制不了它们。"

"稍等片刻，圣亚努阿里乌斯和圣奥古斯丁都和日历中的月

---

① 圣奥古斯丁（354—430），古罗马神学家、思想家。

② 圣亚努阿里乌斯是那不勒斯主教，罗马天主教的殉教圣人。

份相关。①你能给我说说'圣血奇迹'吗？"

"你不知道这个吗？圣亚努阿里乌斯的血被保存在一个小瓶子里，放在了那不勒斯的一座教堂里。在某个节日里，奇迹会发生，他的血会溶解。人们非常看重这一奇迹，如果他的血没有溶解，人们就会群情激奋。法国占领那不勒斯时，这样的事情就曾发生过。他们的大将军叫作加里波第——如果我没有记错的话。他把教堂主事叫到一旁，郑重其事地指着门口列队的士兵，告诉他，自己殷切地期盼着奇迹发生。接着，奇迹果然就发生了……"

"很好，你还想到了什么？你为什么犹犹豫豫？"

"我确实想到了一件事……但它涉及隐私，我不想说……而且，我也看不出这件事与我们所说的有什么联系。我觉得没必要说出来。"

"有没有联系交给我判断。当然，如果这件事让你不快，我也不会强迫你透露，但这样一来，你也不要指望我能说出你忘记'aliquis'（有人）这个词的原因了。"

"真的吗？你真的这样认为吗？那好吧……我刚才突然想到了一个女人。我从她那里听到了一个让我们俩都很烦心的消息。"

"她月事没来？"

---

① 亚努阿里乌斯（Januarius）与英语中的一月（January）相关；奥古斯丁（Augustius）与八月（August）相关。——译注

"您这都能猜出来！"

"这并不是什么难事，你在前面做了那么长的铺垫。只要想想和月份同名的圣者们；在特定的某天凝血会溶解，一旦圣血不溶解就情绪激动，以及那个要求奇迹一定得发生的明显威胁……显然，你已经巧妙地把圣亚努阿里乌斯的圣血奇迹变成了有关女性月经的故事了。"

"天啊，我真的一无所知！你真的认为，我想不起'aliquis'（有人）这个词是因为我焦急地期盼这件事发生吗？"

"我绝对可以肯定。你不记得你把这个词分为'a-liquis'（无-液体）了吗？还有，你联想到了'reliques'（遗迹）、'liquidation'（液化）、'fluid'（液体）这几个词。如果你想听，我还可以告诉你，你在说reliques（遗迹）这个词的时候，提到了圣西蒙，他可是在很小的时候就被献祭了啊！"

"请不要再说了。我不希望你真的这样想——我真的没有这些想法。好吧，我向你坦白，这位女士是一名意大利人，我在那不勒斯时，她一直陪着我。但是，这一切难道不会只是巧合吗？"

"这就得你自己来判断了，你能把所有这些联系都看作巧合，用它来解释吗？不过，我要告诉你的是，在分析每个类似的案件时，这种惊人的'巧合'都会出现！"

这便是案例分析的整个过程。我之所以看重这次简短的分析，原因不止一个，为此，我也很感激我的这位旅伴。首先，在这个案例中，我可以用到自己平时不太能遇得到的资源。本书中所收集到的大部分与日常心理障碍相关的案例，都是我自己观察得来的。我尽可能地规避了我所医治的那些神经症患者，虽然他们可以提供非常丰富的素材，但是，我不得不避免使用它们，因为我要排除掉正在讨论的现象只是神经症的结果和表现。因此，以一个自身没有神经症的陌生人为分析对象，对我来说具有特殊的意义。其次，这次分析很重要，也因为在这个遗忘词语的案例中，并没有出现替代记忆的情况。这也确认了我在前文中提出的说法：出现或是不出现错误的替代记忆，在本质上并没有区别。①

---

① 如果我们更细致地观察一下就会发现，就替代记忆而言，"Signorelli"（西诺莱利）一例和"aliquis"（有人）一例之间的差距并没有这么大。在后面这个案例中，遗忘似乎也伴随着替代。后来，我也问过我的旅伴，是不是在努力回忆被遗忘的词语时，并没有替代词出现在他脑中。他告诉我，他最初很想把"ab"一词放入诗句中，把它说成"nostris ab ossibus"（这也许来源于"a-liquis"分开的前面部分），但因为"exoriare"这个词太清晰，太突出了，他没有成功。他抱着怀疑的态度补充说，这显然是因为这个词位于这句诗开头的位置。我请他集中注意力，联想一下"exoriare"这个词。他对我说到了"exorcism"（驱邪），这让我认为，"exoriare"在回忆过程中的强化，确实具有替代价值。他之所以联想到"exorcism"（驱邪），很可能是因为提到了这些圣徒的名字。然而，这些都是没有价值的改进。很可能的是，任何类型的替代回忆都是源于压抑的有意遗忘的常规迹象，也有可能只是特征和误导。这种替代也可能在强化类似于被遗忘事物的某个因素，即使在错误替代名并未出现的地方，也是如此。因此，在"Signorelli"（西诺莱利）这个案例中，在我还没有记起这位画家的名字时，他的壁画总栩栩如生地出现在我的眼前，他的样子我也看得清清楚楚——至少，比其他记忆都要生动地呈现在眼前。在1898年所写的那篇文章中，我还提到过另一个例子。我完全记不起一条街道的名称和它所处的地址了，因为在访问这座陌生城市的时候，曾发生过不愉快的事。但好像是嘲讽我一般，门牌号却异常生动地出现在我脑中。要知道，其他时候，记数字对我来说可是一个大难题。——原注

　　然而，"aliquis"（有人）这个案例的主要价值却与
"Signorelli"（西诺莱利）那个案例不同。在"Signorelli"（西
诺莱利）这个案例中，对名字的回忆受到了干扰，之前出现的一
系列想法产生了后效，打断了回忆过程。但是，这些想法的内容
与包含"Signorelli"（西诺莱利）这个名字的新话题并没有明显
的关系。压抑与遗忘名字的那个话题之间，只存在着时间上的延
续关系。这一点影响到了记忆，结果让两者通过非主观联想连接
了起来。①另一方面，在"aliquis"（有人）这个案例中，人们看
不到这种独立的压抑主题的痕迹。独立的压抑主题会占据紧邻的
意识想法，然后作为干扰一直发生作用。在这个案例中，回忆受
到的干扰来自所触及主题的内部，并且产生了一个事实：不知不
觉中，矛盾产生了，与所引用的诗句中表达的愿望相悖。

　　我们可以这样解析起因：说话者痛心疾首，认为他们这一
代人的权利被剥夺了，因此，他就像狄朵一样，预言新一代会为
他们报仇，对抗压迫者。于是，他表达了对子孙后代的期望。就
在这时，一种矛盾的想法出现了，打断了他："你真的要对后
代寄予如此厚望吗？不是这样的！如果你心里对后代抱有这样的
期待，想想看，你会陷入怎样的窘境啊！不，你不需要子孙后代
为你报仇。"这种矛盾，在他思维过程的某个因素和被压抑愿望

---

　　① 我并不完全确定，西诺莱利（Signorelli）案例中的两种想法之间是不是
缺乏内在联系。依循被压抑的想法——"死亡和性"的主题，人们确实会生出一
种看法，这种看法与奥维多壁画所表现的主题很接近。——原注

的某个因素之间形成了一种非主观联想，并让自己显示了出来，在"Signorelli"（西诺莱利）那个案例中也是如此。但是，在这个地方，它似乎更强硬，只能人为地把联想绕开。此外，它与"Signorelli"（西诺莱利）案例还有另一个重要的一致点，产生这个一致点的原因，是矛盾产生于被压抑的源头，来自会导致注意力偏离的想法。

　　上述两种遗忘名字的范式虽有差异，但存在内在联系。我就说到这里吧！我们已经了解了遗忘的第二种机制，它会通过来源于压抑的内在矛盾去干扰想法。在本书的讨论中，我们会一再遇到这种情况。如此，要理解这一点也就不难了。

第三章

名字和词序的遗忘

前文中提到，人们会忘记外语词中的词序，这一过程不禁让人猜想：其和忘记母语中的词序，在解释上是否存在本质差异？当然，不能完全记起背诵过的公式或诗歌，错一些，少几个字，人们是不会大惊小怪的。尽管如此，人们不会把学习过的内容都忘记了，这种遗忘的影响并非平均分配。相反，它似乎会从中挑选出某些部分。因此，我们有必要来分析一下此类误记的案例。

布里尔讲述了下面这个例子：

有一天，布里尔与一位非常年轻聪明的女子交谈。在谈话过程中，她引用了济慈①的诗，诗的题目是《阿波罗颂》，她背诵了以下几句：

In thy western house of gold,

Where thou livest in thy state,

Bards, that once sublimely told,

Prosaic truths that came too late.

---

① 济慈（1795—1821），19世纪初期英国诗人，浪漫派的主要成员。

在背诵过程中，她有好几处都不确定，还说最后一行肯定错了。但是，翻书查看这首诗后，她发现自己错的不止最后一行，居然还有其他许多错处，这令她大为吃惊。

这段诗是这样写的：

In thy western *halls* of gold,

Where thou *sittest* in thy state,

Bards, that *erst* sublimely told,

Heroic deeds and sang of fate.

斜体部分是在她背诵中遗忘和替换过的词。

她很惊讶，自己居然犯了这么多错误，并将其归因为记忆减退（没有记住）。然而，我确定地告诉她，这种情况并非因为出现了质或量上的记忆障碍，并把我们在引用这几行诗时的谈话内容说给她听。

那时，我们讨论的是恋人之间总会高估彼此人格魅力的话题。她说，维克多·雨果①说过，爱情是世界上最伟大的东西，可以把杂货店店员变成天使和神。

她继续说道："相爱时，人们会对人性变得盲目，相信一切

---

① 维克多·雨果（1802—1885），法国19世纪前期浪漫主义文学的代表作家，人道主义的代表人物。

都是完美的，一切都是美好的，一切都如诗般梦幻。当然，这是一种美妙的体验，值得经历，但紧随其后的往往是极大的失望。爱情让我们如临天国，诱使我们变得像艺术家。我们成了真正的诗人，不仅背诵诗歌，引用诗句，简直就是阿波罗①本人。"接着，她就引用了上面这几行诗。

我问她是什么时候背下的这几行诗。她说，她是一名朗诵老师，有背诵的习惯，因此，她也记不清是什么时候背的。

"从谈话内容来看，"我提示她说，"这首诗似乎与恋爱中高估对方人格魅力的想法有密切的关系。你会不会是在处于这种状态下背诵的这首诗呢？"

她思索了一会儿，很快就回忆起了下面的事情：

十二年前，她十八岁，爱上了一个人。当时，她参加了业余戏剧表演，遇到了这位年轻人。他正在攻读戏剧表演。很多人都认为，有朝一日，他定会成为一名偶像派演员。他身上具有成为偶像派男演员的所有特质：体格健美，迷人，容易冲动，非常聪明，而且花心。大家都告诫她，不要爱上这样的人，但她置若罔闻，觉得大家这么说只是因为嫉妒。开始几个月，一切都很顺利。忽然有一天，她收到消息，她的阿波罗——她为之背下这些诗句的那个人——与一位年轻富有的女子私奔了，还结了婚。几年后，她听说，他住在西部的一个城市，靠他的岳父过活。

---

① 在罗马神话中，阿波罗是太阳神；在古希腊神话中，它是光明之神、文艺之神。

　　现在来看，引文出现错误的原因已经十分明显了。之前，我们谈论过恋人之间会高估彼此的人格魅力。这一讨论让她记起了自己过去的事情，因为她也曾高估过恋人的人格魅力。她把他奉为神明，但事实证明，他连普通人都不如。这段经历无法浮出水面，因为它受控于非常令人不快和痛苦的想法。但是，她无意识地修改了诗的内容，暴露了她当时的心境。这种做法，不仅把原诗中充满诗意的表达改得平淡无奇，也清楚地影射了整件事。

　　下面这个例子，是荣格（C. G. Jung）①博士提供的，也与遗忘熟悉的诗句有关。

　　荣格说："有一个男人想背诵一首自己熟悉的诗，内容大概是'青松傲然茕立'之类的话。当背到'在白色的床单上，他昏沉欲睡'时，他忽然卡住了，怎么也想不起'在白色的床单上'这几个字。

　　"在我看来，遗忘自己如此熟悉的诗句，相当不寻常。因此，我请他回忆一下，在想到'在白色的床单上'这句话时，他的脑袋里出现了什么。

　　"下面是他的联想路径：白床单让人想到盖在尸体上的白布——用来盖死尸的亚麻布——现在，我想到了一个很亲近的朋友——他的兄弟最近去世了——他应该是死于心脏病——他有肥胖症——我的朋友也很胖，我想，他也许会遭遇同样的命运——

---

　　① 荣格（1875—1961），瑞士心理学家，分析心理学创始人。这里提到的案例出自他的《早发性痴呆心理学》，彼得森和布里尔译。

也许，他锻炼得不够——当我听到他的死讯时，我忽然很害怕这样的事情也可能发生在我的身上，因为我们家里的人都很胖——我祖父就是死于心脏病的——我有点儿太胖了，出于这个原因，几天前我开始治疗自己的肥胖症。"

对此，荣格解释说："这名男子立即就无意识地把自己看作这棵盖上白布单的松树。"

提到下面这个遗忘词序的案例，我要感谢我的朋友，来自布达佩斯的费伦齐（Ferenczi）[①]博士。与前面的案例不同，这个案例并不涉及诗歌中的诗句，而是自己杜撰的一句谚语。它也向我们展示了一种相当不寻常的情况：当自由决定权可能屈从于一时的欲望时，遗忘就会出现。于是，错误也就发展成一种有益的功能。冷静下来之后，我们会说，内心的这种斗争和反抗，虽然最初只能表现为无能，如遗忘或心因性无能感，却是有道理的。

费伦齐讲道："在一次社交聚会上，有人引用了'Tout comprendre c'est toutpardonner'（了解就是宽恕）这句话。对此，我评论道，句子的第一部分就足够了，因为'宽恕'这种赦免权，必须留给上帝和牧师来决定。一位客人认为这番评论非常好，我因此更大胆了（也许是为了确保自己能够得到这位好心评论家的赞誉），说前段时间，我还有一个更好的想法。就在我想要复述这个聪明的想法时，我竟然想不起来了。

---

① 费伦齐（1873—1933），匈牙利心理学家，早期精神分析的代表人物之一。

"于是，我立即离开了这群人，开始梳理自己的想法。

"首先，我想起了一个朋友的名字。他目睹了这个（我想要记起的）想法的产生。然后，我想起了布达佩斯的一条街，这个想法就出现在那里。随后，是另一个朋友的名字。他叫Max，但我们常常称呼他为Maxie。这把我引向了'Maxim'（格言）一词，然后是我当时的想法，和此时此地一样，与改编著名格言有关。

"奇怪的是，我记不起任何格言（Maxim），只想到了'上帝按照自己的形象创造了人'这个句子，以及与之相反的说法——'人按照自己的形象创造了上帝'。但就在这时，我立刻回忆起了自己想记起的事情。

"当时，在安德拉西街①，我的朋友对我说：'人类身上没有什么是我不了解的。'对此，我根据精神分析经验评论道：'你应该更进一步，说动物身上也没有你不了解的。'

"尽管我想起了这件事，但我还是不能在这次聚会上讲述它。我这位朋友的妻子也参加了这次聚会，我曾向她提到过无意识中的动物性。我心里一定隐隐觉得，她还没有准备好接受这种不讨人喜欢的观点。于是，遗忘发生了，让我省去了被她不愉快地追问，也避免了无望的讨论。这一定就是这次'暂时失忆'的动机。

---

① 匈牙利首都布达佩斯的一条标志性林荫大道。

"有趣的是，作为隐藏起来的想法，这里出现了一个句子。在这个句子中，神由人类所创造。同时，我寻找的句子影射了人的动物性。因此，'capitis diminutio'（人格减等）是两者的共同点。整个事情显然只是与理解和宽恕相关的一系列想法的延续。在此次讨论中，它被激发出来了。

"被遗忘的想法这么快就出现了，可能是因为我退回到一个空房间里，避开了监察它的群体。"

迄今为止，我已分析了大量遗忘或误记词序的案例，它们的结果都是一致的。因此，我可以假设，正如"aliquis"（有人）一例和《阿波罗颂》一例中所呈现的那样，遗忘机制具有普遍性。

有时候，此类分析并不便被说出来，就像上面所引用的分析一样，它们可能会引出被分析人的痛心事，也会涉及他们的隐私。因此，我就不再多举这样的例子了。不管它们的具体内容如何，这些案例都有一个共同点，那就是被忘记或歪曲的内容通过某种联想与无意识想法发生了关联，于是引发了我们所知的遗忘。

现在，我又将回到名字的遗忘上面。对于这个主题，我们还没有详尽地讨论过它的个案因素或是动机。鉴于这种形式的失误行为常常发生在我自己身上，我不愁找不到案例。比如，我有轻微的偏头痛，现在也深受其苦。偏头痛发作前几个小时，我就会记不起名字，这是它习惯用来通报自己的方式。虽然头痛最严重的时候，我也不必被迫停下手头的工作，但就是记不起所有的专属名。

这种案例可能会让我的分析工作出现争议，人们会从这些观察中得出结论：遗忘，特别是遗忘名字，应该在大脑的循环障碍或功能失调中找原因，而不应该艰难地去为此类现象寻找什么心理解释。但真的是这样吗？当然不是！如果这样做的话，就意味着把一种在所有案例中都相同的过程机制及其变化形式进行了互换。我想，与其分析一番，不如用一个对比来加以说明。

我们可以设想这样的场景：

一天晚上，我在一座大城市的无人区闲逛，遭到了袭击，手表和钱包也被抢走了。我来到最近的警察局，报告了我遇到的情况。我是这样说的：

"我在××街上，孤独和黑暗抢走了我的手表和钱包。"

虽然这些词没有任何表达上的错误，然而，根据我的措辞，人们有可能认为我脑子有问题。如果要让大家觉得我说得对，这件事只能这样表述：那个地方很偏僻，又有黑暗作掩护，我的贵重物品被某个坏人抢走（rob）了。

现在，我们也可以用同样的方式来陈述遗忘名字的情况。由于精疲力竭，循环不畅，或者醉酒，某种未知的心理力量剥夺（rob）了我处理记忆中那些专属名词的能力。实际上，就算在身体健康、心理无虞的情况下，这种力量也可能引发遗忘。

我曾以自己为个案，分析过那些遗忘名字的情况。我常常发现，被压抑的名字与涉及我个人的主题有关，因此，很容易激起心中的情绪情感。它们很强烈，也常常伴随着痛苦。遵照苏黎世学派①（布洛伊勒②、荣格、里克林③）的做法（既方便，又难能可贵），我用下面的方式来表述这件事：

被压抑的名字触动了我心中的某个"情结"。这个名字和我本人的关系不在意料之中，大多产生于表浅的联想（双关语以及发音相似），通常被认为是一种额外的附加联想。

下面这几个简单的例子可以很好地阐明它的性质：

（1）一位病人请我引荐他去里维埃拉④的疗养院。我知道这个地方离热那亚⑤很近。我想起了一个德国同事的名字，他正好是那个地方的主管。但是，我就是想不起那个地方叫什么名字了，而我相信自己是知道的。我无计可施，只能请这个病人稍等一下，并赶紧向家里的女人们求助。

"热那亚附近的那个地方叫什么名字？就是X博士的疗养院那儿，××夫人曾在那里待了很久，一直在那里治疗。"

"你当然记不得那个名字了，它叫奈尔维（Nervi）。"

"哎呀，不错，原来它和'nerves'（神经）这个词近音。

---

① 荣格在瑞士苏黎世创立的新精神分析理论与学派，主张将心理现象分解为基本元素进行分析解释。

② 布洛伊勒（1857—1939），瑞士精神病学家。

③ 里克林（1878—1938），瑞士精神病学家。

④ 地中海沿岸区域，包括意大利的西北海岸和法国的南岸地区。

⑤ 意大利最大商港和重要工业中心，位于意大利西北部。

对于'nerves'（神经）这个东西，我还真是受够了！"

（2）一位患者谈到了邻近的避暑胜地。他坚持认为，除了我们大家熟悉的两家客栈外，还有第三家。我认为那里没有第三家客栈存在，说自己在那附近度过了七个夏天，肯定比他更了解那个地方。他对我的反驳不以为然，并说出了那家客栈的名字：霍奇瓦特纳（Hochwartner）。

事实上，我不得不承认，这七个夏天，我都一直住在这家客栈的附近，却如此强烈地否认它的存在。为什么我会忘记这个客栈和它的名字呢？我想，这肯定是因为这个名字的发音很像我在维也纳的一个同行的名字，他也是做精神分析的。这可能触动了我的"职业情结"。

（3）有一次，我正准备在赖兴哈尔（Reichenhall）①站买火车票。忽然，我想不起下一个大站的名字了。我经常会经过这个站，对它的名字也很熟悉，但现在，我不得不在火车时刻表上查找这个名字。最后，我找到了它，这个站的名字叫罗森海姆（Rosenheim）②。经过联想，我很快找到了忘记这个地名的原因。一小时前，我拜访了家住赖兴哈尔附近的妹妹，她的名字就叫Rose，Rose的家自然就是"Rosenheim③"。我记不起这个名

---

① 德国巴伐利亚州的一个市镇，是上巴伐利亚行政区贝希特斯加登县的县府所在地。

② 德国巴伐利亚州东南部文化和经济中心城市。

③ 德语，"heim"是"家"的意思。

字，是因为它触动了我的"家族情结"。

（4）"家族情结"具有非常强大的影响，我可以用一系列情结来证明这一点。

有一天，一名年轻人来到我的诊所。他是一位女病人的弟弟，我见过他几次，平时都称呼他的名字。晚一些时候，我要谈到他的到访，却一下子忘了他的名字。他的名字并不生僻，但我就是怎么也想不起来了。后来，我走在街上，看到一些广告牌，广告牌上有个词正好是他的名字。当我看到这个词时，一眼就认出这是他的名字。

分析表明，我把这位来访者比作自己的弟弟，于是，事情集中在一个问题上："如果遇到类似的情况，我弟弟会表现得像他一样，还是会恰恰相反？"我会觉得这个人与我家人有关，还源于一个巧合：我们母亲的名字也相同，都是艾米莉亚（Amelia）①。随后，我也明白了自己为什么会想到丹尼尔（Daniel）和弗兰克（Frank）这两个替代名。这些名字，和艾米莉亚一样，都出自席勒（Schiller）②的戏剧《强盗》，也都与维也纳记者丹尼尔·斯皮策（Daniel Spitzer）③的一个笑话有关。

---

① 弗洛伊德的母亲名为艾米莉亚·那萨森，是他父亲雅各布·弗洛伊德的第三任妻子。

② 席勒（1759—1805），德国18世纪著名诗人、哲学家、历史学家和剧作家，德国启蒙文学的代表人物。

③ 丹尼尔·斯皮策（1835—1893）奥地利作家、记者，作品以幽默讽刺著称。

（5）有一次，我想不起一位病人的名字了，因为这个名字与我早年的生活扯上了一些关系。我迂迂回回，分析了很久，才想起这个名字。

这个病人担心自己会失明，这让我想起一位因枪击而失明的年轻人。接着，我又联想到另一位年轻人开枪自杀的画面，这个人与我的这个病人同名，但除此之外，他们之间没有其他关联。直到这两个年轻人引发的焦虑转移到我的一个家人身上，我才想起了这个病人的名字。

"自我参照"（self-reference）的想法不断涌现，但我通常一点儿也意识不到它们，只有在遗忘名字时，它们才现出原形。在不知不觉中，我好像拿自己的家人对号入座了，总把听到的有关陌生人的事与家人比较。好像不管听到什么关于别人的消息，我都可以和自己人扯上关系，搅动我的那些情结。要说这仅仅是我个人的遭遇，似乎不太可能。它必然代表我们理解外部事物的普遍方式。由此，我有理由认为，其他个体也有与我十分相似的经历。

一名叫作莱德雷尔（Lederer）的绅士曾向我讲述了一件发生在他身上的事，这件事能够很好地证明这个观点。

在威尼斯结婚旅行时，莱德雷尔遇到了一个点头之交，并把他介绍给自己的妻子。他已经记不得这个人的名字了，为了避免尴尬，他只能含糊地介绍一下。不久，他们又再次相遇（这在威尼斯是不可避免的）。他把他拉到一旁，请他告诉自己他的名字，说自己很不幸地把他的名字给忘了。这位熟人的回答表明他对人性有着极好的认识，他回答道："我就知道你记不住我的名字，我和你同名啊，就叫莱德雷尔！"

遇到与自己同名的人，我们总会感到不乐意。最近，我在工作时也遇到了一个叫作弗洛伊德的病人，当时，我也有这种感觉。当然，也有与我持不同观点的人，他肯定地告诉我，就这一点而言，他的感觉恰恰相反。

（6）下面这个案例来自荣格，从这个案例中，我们也可以看到个人关系带来的影响。[①]

Y先生爱上了一位女士，但不久之后，她就嫁给了X先生。Y先生与X先生是老相识，也与他有业务上的往来，但Y先生总是忘记X先生的名字。许多时候，如果Y先生想给X先生写信，还非得向别人询问X先生的名字才能记得起来。

在这个例子中，遗忘的动机比以前的案例明显，它集中地体现了自我参照。在这里，遗忘显然直接源于Y先生不喜欢X先生。X先生是他的竞争对手，而且是赢家，他才不想知道有关他的事呢！

（7）费伦齐博士报告了下面这个案例，分析解释这个案例中的替代想法（如"波提切利"和"博尔特拉菲奥"这两个名字替代"西诺莱利"那样），特别具有启发性。这个分析也显示

---

① 见《早发性痴呆心理学》第45页。——原注

出，自我参照是如何通过另一种途径引起姓名遗忘的。

一位女士听说过一些关于精神分析的事情，但她不记得精神病学家荣格的名字。取而代之的是K1（人名）——王尔德（Wilde）①——尼采（Nietzsche）②——霍普特曼（Hauptmann）③，这几个名字不断地出现在她的脑中。

我没有直接告诉她，这位精神病学家叫荣格（Jung）④，只是请她自由联想，并把所有联想到的内容都说出来。

说起K1这个名字，她立马想到了K1夫人。她是一个爱打扮又很做作的人，她的状态很不错，不像是她那个年龄的人，"她不会老"。

至于王尔德和尼采，她联想到了"精神疾病"。随后，她开玩笑地补充说："弗洛伊德派的人会继续寻找精神疾病的原因，直到他们自己也疯掉。"

她又继续说："我受不了王尔德和尼采，我理解不了他们，我听说他们都是同性恋。王尔德痴恋年轻（Jung）人（在这句话里，她正确地说出了那个她仍然没有记起的名字）。"

提到霍普特曼（Hauptmann），她联想到了另一位德国剧作

---

① 王尔德（1854—1900），出生于爱尔兰都柏林，19世纪英国最伟大的作家与艺术家之一。

② 尼采（1844—1900），德国哲学家、文化评论家、诗人、思想家。

③ 霍普特曼（1862—1946），德国剧作家、诗人。

④ 在德语中，荣格（Jung）的名字"jung"一词意为"年轻的"，后来提到的"Junge"（年轻人），"Jugend"（青年），都源于同一词根。

家哈尔伯①（Halbe）和他的作品《青年》（*Judend*）。但是，直到我提醒她注意年轻人（Jugend）这个词时，她才意识到自己想要找出的名字是荣格（Jung）。

这位女士39岁时死了丈夫，也没有再婚的意思。因此，她不愿回忆青春（Jugend），不想提及老年，显然有充足的理由。值得注意的是，被遗忘名字中的隐藏想法是作为单纯的内容联想显露出来的，与发音无关。

（8）下面这个遗忘名字的例子与众不同，动机也很精妙。

以下是当事人的描述：

"哲学是我的一个选修科目，在参加这门考试时，考官问起伊壁鸠鲁（Epicurus）②的教义，还问我是否知道，几个世纪后，谁传承了他的衣钵。我回答说是皮埃尔·伽桑狄（Pierre Gassendi）③，因为两天前，我正巧在一家咖啡馆里听说过他，说他是伊壁鸠鲁的追随者。当考官问我是怎么知道的，我大胆地回答说，我对伽桑狄的兴趣已经持续很长一段时间了。于是，我这门学科得了 'magna cum laude'（优）。但不幸的是，我后来常常记不起伽桑狄这个名字，很容易就把它忘了。我相信，这是源于内疚，即便是现在，哪怕我竭尽全力，还是常常记不住这个名

---

① 哈尔伯（1865—1944），德国作家。

② 伊壁鸠鲁（公元前341—公元前270），古希腊哲学家、无神论者（被认为是西方第一个无神论哲学家），伊壁鸠鲁学派的创始人。

③ 皮埃尔·伽桑狄（1592—1655），法国科学家、数学家和哲学家。他复兴了伊壁鸠鲁主义。

字。要知道，我当时根本就不了解他。"

只要我们能够真正地理解当事人心中这种强烈的反感，不愿再回忆起这次考试，我们就可以知道，他有多看重自己的博士学位，以及这件事对他来说代表着什么。

下面，我要再讲一个遗忘城市名的例子。这个案例可能不如上面提到过的那些例子那么一目了然，但对于熟悉这类研究的人来说，它是可信的，也很有价值。

在这个案例中，被遗忘的是一座意大利城市的名字，因为它的发音像极了一位女士的名字，与各种情感回忆交织在一起，但有些遗憾的是，这些情感回忆并没有在本例中得到彻底处理。这件事发生在费伦齐博士身上，他注意到了这种情况，并把它作为梦境或与性有关的想法进行了分析。我认为，他这种分析是恰当的。

下面是他的叙述：

"今天，我拜访了一些老朋友，在谈话中提到了意大利北部的一些城市。有人评论说，我们仍可以在这些城市里看到奥地利对它们的影响。大家列举了一些城市名出来。我也想说出一个城市的名字。尽管我知道自己曾在那里愉快地待过两天，但还是没能想起它的名字。当然，这与弗洛伊德的遗忘理论不太相符。

"我想不起这个城市的名字，相反，脑中却不自觉地想到'卡普亚（Capua）①—布雷西亚（Brescia）②—布雷西亚的狮子

---

① 意大利南部城市。

② 意大利北部城市，紧邻意大利北部城市米兰。

（the lion of Brescia）'。我确确实实地看到过这头狮子，它是一座大理石雕像，但我很快就注意到，比起另一座大理石狮像（也就是我在卢塞恩①看到的，为纪念牺牲在杜伊勒里宫②的瑞士卫队③所修建的纪念碑上的狮子），它不太像布雷西亚自由女神像中的狮子（我只在一张照片里看过）。终于，我想到了那个被遗忘的名字：维罗纳（Verona）④。

"我立刻意识到了遗忘的原因：这完全是因为我家里以前的一个用人，那时候，我刚去看望过她。她的名字叫维罗妮卡（Veronica），在匈牙利语中，这个名字就是维罗纳（Verona）。我很反感她，因为她面目可憎，声音又沙又尖，还不可一世（倚老卖老，以老仆人自居）。她对待家中孩子的态度非常专横，让我忍无可忍。现在，我知道这些替代想法的意义了。

"卡普亚（Capua）这个词立刻让我想到了Caput mortuum（骷髅）。我经常把维罗妮卡的头比作骷髅头。匈牙利语中的'kapzoi'（意为'贪婪追求金钱'）一词无疑是这些替代词出现的决定性因素。当然，我还发现，将卡普亚（Capua）和维罗纳斯（Veronaas）联系起来，地理因素是更直接的原因；在意大

---

① 瑞士中部城市。

② 曾是法国的王宫，位于巴黎塞纳河右岸，于1871年被焚毁。

③ 1792年8月，愤怒的群众围攻路易十六所在的杜伊勒里宫，许多王室卫队纷纷倒戈。在此种情况下，国王的瑞士卫队奋战到底，最终因寡不敌众而全军覆没。

④ 意大利北部一座历史悠久的城市。

利语中，这两个词的变化规则也相同。

"布雷西亚也是如此。在这里，我发现了想法中所隐藏的副线联想。

"我当时太厌恶她了，觉得她奇丑无比。如果有人表现出爱她的样子，我就难掩惊讶。

"'为什么？还要亲吻她！'我说，'这不是给自己找恶心吗？'

"布雷西亚，至少在匈牙利，并不常常和狮子联系在一起，与之联系的，是另一种野兽（鬣狗）。在这个国家，还有在意大利北部，人们最憎恨的人是海瑙（Haynau）元帅①，他被称为'布雷西亚的鬣狗'。从残暴可憎的海瑙开始，一系列想法涌现了出来，从布雷西亚到维罗纳城，从叫声沙哑的掘墓动物（与死者纪念碑的想法吻合）到骷髅头，再到维罗妮卡令人讨厌的脑袋。这个脑袋，在我的无意识中受到了无情的侮辱。维罗妮卡在得势时表现得很专横，同样，在匈牙利和意大利为自由而战时，这位奥地利元帅也是如此。

"卢塞恩让人联想到了夏天，因为维罗妮卡和她的雇主在那附近的某个地方度过了一个夏天。接着，我会联想到瑞士卫兵，是因为她不仅欺压孩子，对家中大人的态度也很专横，就像是一

———————

① 海瑙（1784—1855），奥地利帝国元帅，于1848—1849年革命期间在意大利和匈牙利残酷镇压革命运动，被称为阿拉德刽子手、布雷西亚的鬣狗和哈布斯堡之虎。

名'女警卫'一样。

"我清楚地观察到，我对维罗妮卡的这种反感，从意识层面来说，属于早已被克服的问题。后来，她的外表和举止都发生了变化，这对她来说很好，我也能够真心诚意地去看望她（说实在的，我几乎找不到这样的机会）。但是，在我的无意识中，这些印象很顽固，被保留了下来。它是旧怨。

"杜伊勒里宫暗示了第二种人格，一位实际上'保卫'着家中女人们的法国老太太，她很受尊重，人们甚至有点害怕她。很长一段时间，在我们用法语交谈时，她总说我是她的'élève'（小学生）。'élève'（小学生）这个词，让我不禁想起一件事。有一次，我去波希米亚北部拜访现任房东的姐夫。那里的人会把林业学校的'élèves'（小学生）称为'löwen'（狮子），对此，我忍不住笑个不停。这个好笑的回忆可能也参与了狮子替代鬣狗的过程。"

（9）下面这个案例同样展示了个人情结如何影响一个人，迂回地出现姓名的遗忘。[1]

六个月前，一个年轻人和一个老年人曾一起在西西里岛[2]旅行。现在，两人一起回忆着那些愉快而有趣的时光。

"请告诉我，那个地方叫什么名字？"年轻人问道，"就是

---

[1]　《精神分析汇编》，1911年。——原注
[2]　位于意大利南部，地中海中部，是地中海最大的岛屿。

我们去塞利农特（Selinut）①前一晚路过的那个地方。是叫卡拉塔菲米（Calatafini）吗？"

老年人否定了他的说法，说："当然不是！虽然我能回忆起那里的一切，但我记不起它的名字。哎，每次听到有人忘了名字，我就会受影响，也记不起来了。还是让我们一起来想想吧！我只能想到卡尔塔尼塞塔（Caltanisetta）②，除此之外，我想不出其他名字了，但这个名字显然不对呀！"

"是的。"年轻人说，"这个名字是以字母W开头的，或者中间有一个W。"

"但意大利语中没有W这个字母。"③老年人反驳道。

"啊，我想说的是字母V。我说W，是因为我习惯用自己的母语去替换它们。"

然而，老年人也否认了有字母V，并补充说："我相信我已经把西西里岛的很多名字都忘了。我们来试试吧！我们想想，位于高地上的那个地方叫什么名字？就是古时候被称为'恩纳'（Enna）④的那个高地。"

"哦，我知道那个名字：卡斯特罗戈瓦尼（Castrogiovanni）。"

---

① 位于意大利西西里岛南岸的古代城市，由希腊人在公元前628年创建。

② 意大利城市，位于西西里岛中部丘陵地。

③ 在意大利本民族的语言里，没有"J""W""X""Y"这四个字母。这四个字母只用于拼写外来词。

④ 坐落于意大利西西里中部，是恩纳省的省会，为意大利最高的省会城市，被誉为"西西里的瞭望塔"和"西西里的阳台"。

就在这时，年轻人忽然想起了那个被遗忘的名字。他大声地喊出了"卡斯特尔韦特拉诺"（Castelvetrano），而且，令他高兴的是，这个词里面的确包含了字母V。

有那么一会儿，老年人仍然不承认这个名字是正确的。但后来，他还是接受了这个名字，并陈述了自己想不起这个名字的原因。

他说："显然，这是因为这个名字的后半部分'vetrano'（韦特拉诺）与'veteran'（老人）这个词很接近。我知道，想到变老的问题时，我并不是很焦虑，但想起这件事的时候，我的反应很奇怪。最近还发生过这样一件事：我提醒一位非常受人尊敬的朋友，说他'早已不再年轻了'。我的措辞并没有错，因为在此之前，他曾说过：'我不再是年轻人了。'我的阻抗直接来源于卡斯特尔韦特拉诺（Castelvetrano）这个词的后半部分，而且，我之所以想到卡尔塔尼塞塔（Caltanisetta）这个替代词，是因为它们最开始的一个音节相同。"

"那卡尔塔尼塞塔（Caltanisetta）这个名字本身呢？"年轻人问。

"在我看来，这就像一个年轻女子的昵称。"老人回答说。

过了一会儿，他又补充说："恩纳（Enna）这个名字只是一个替代词。现在，我突然想到了，卡斯特罗戈瓦尼（Castrogiovanni）这个名字被合理化了，于是才冒了出来。很明显，它暗指'giovane'。在意大利语里，这个词是'幼小的、年轻的'意思，就像卡斯特尔韦特拉诺（Castelvetrano）这个词的后半部分，与老人（veteran）一词很接近一样。"

老人相信这就是自己忘记这个名字的原因。然而，我们还没有查证这个年轻人产生遗忘的动机。

在某些情况下，我们必须求助于细致的精神分析技术，才能好好地解释忘记名字的原因。那些想看看此类案例的人，我建议他们读一读E. 琼斯[1]教授的著作[2]。

鉴于后文中还会阐述到一些观点，在这里，我不再增加遗忘名字的案例，也不再赘述了。但是，我要冒昧地用几句话来阐明这里所报告的分析结果。

遗忘机制，或者更确切地说，记不起或暂时忘记名字的机制，源于在回忆这个名字时受到了干扰。这时候，一系列无意识的奇思怪想涌现出来，阻碍了名字的再现。受到干扰的名字和产生干扰的情结之间，存在着一种联系。这种联系，可能从一开始就有，也可能通过表浅的（非主观）联想——也许是人为的方式——而形成。

据证明，"自我参照"情结（个人的、家庭的或职业的）是最有效的干扰情结。

---

① 欧内斯特·琼斯（1879—1958），英国心理学家。琼斯是弗洛伊德的朋友和支持者，在将精神分析引入英国、美国和加拿大过程中，起到了重要的作用。

② 《一例遗忘名字的案例分析》，出自《精神分析汇编》，1911年。——原注

如果一个名字拥有许多含义，它就会引发多种联想（或情结）。这个名字常常会受到干扰，因为它会通过一种非常强大的、属于其他联想的情结，与一系列想法都产生关系。

避免由回忆唤起痛苦，是干扰产生的动机之一。

一般来说，忘记名字可分为两种主要情况：

（1）名字本身触及令人不快的事情；

（2）名字产生影响，引发其他联想。

因此，名字的提取可以因为自身原因而受到干扰，也可以因为引发了或远或近的联想而受到干扰。

通过回顾这些普遍原理，我们可以确定，暂时性地遗忘名字是心理功能中十分常见的失误行为。然而，距离描述出这种现象的所有特点，我们还有很长一段路要走。我也希望大家注意到一个事实，那就是遗忘名字极具传染性。两人谈话时，哪怕只是其中一人提及自己忘了这件事，也足以诱使另一个人的记忆溜走。但是，在这种情况下，被遗忘的名字很容易再次浮出水面。

当然，我们也会遇到连续遗忘名字的情况，也就是说，一连串的名字都想不起来了。如果在努力想记起一个名字的过程中，人们发现了与这个名字密切相关的其他名字，这些新名字往往也会被遗忘。在这种情况下，遗忘从一个名字跳到另一个名字，好像是为了证明这里存在着一个难以轻松逾越的障碍。

第四章

童年遮蔽性记忆①

① 遮蔽性记忆（concealing memory），又称"屏蔽记忆"（screen memory）。弗洛伊德通过心理学研究发现，人的童年记忆往往是朦胧的、残缺不全的、片段式的。这些记忆就是"遮蔽性记忆"。

在另一篇文章中①，我证明了人类记忆具有意想不到的目的性。在文章开头，我提到了一个非同寻常的事实，即人们的早期回忆中似乎保留着一些不重要的内容（常常发生，但并非总是如此），这段时间内发生的重大而有影响的事件在成年后的记忆中反而无迹可寻了。众所周知，记忆会在可供其支配的印象中进行选择，因此，我们假设，与心智成熟之后相比，童年时期的记忆选择遵循的是完全不同的原则。

　　然而，经过仔细研究，我发现了一个事实：这种假设是不必要的。无关紧要的童年记忆被保留下来，要归因于一个替代过程。精神分析显示，在回忆过程中，它们只是其他真正重要的内容的替代品，因为回忆这些真正重要的内容会遭遇阻抗。因此，它们能够存在，并不归功于其内容，而是归功于与内容具有联想关系的另一种被压抑的想法。我把它们称为"遮蔽性记忆"，对于这个称呼，它们当之无愧。

　　在前面提到的那篇文章中，我只谈及了关系的多样性以及遮

　　① 《精神病学和神经学月刊》，1899年。——原注

蔽性记忆的含义，但并没有进行深入的探讨。在文中，我给出了一个例子，特别强调了遮蔽性记忆和遮蔽它的记忆内容在时间关系上的特点。那个例子中的遮蔽性记忆是最早的童年记忆之一，而体现它的那些想法——仍然是无意识——属于个体问题的后期阶段。我称这种形式的替代为倒摄性替代或退行性替代。也许，更常见的情况是，人们会发现一种相反的关系，也就是说，早期的无关紧要的内容，成了意识中的遮蔽性记忆。它的存在，完全归功于它与早期经历的联系，并阻抗着早期经历的直接再现。我们可以把它们称为侵入性或干预性的遮蔽性记忆。那些最重要的记忆就存在于此，在时间上迟于被遮蔽的记忆。最后，还有第三种可能的情况，即遮蔽性记忆与它所遮蔽的内容发生联系，不仅通过其内容，还通过时间上的连续性（同时性遮蔽记忆，或连续性遮蔽记忆）。

在我们的记忆中，遮蔽性记忆占多大比例，它又在各种神经质性隐藏过程中发挥着什么作用等问题，我以前没有探究过，也不打算在这里讨论。我所关心和想强调的，只是因误记而遗忘专属名和遮蔽性记忆形成的共同之处。

乍一看，这两种现象之间的差异非常醒目，远远超出了它们之间的相似处：一个涉及的是专属名，另一个是现实或思想中体验过的完整印象；一个是记忆功能的失败，另一个是在我们看来很奇怪的记忆行为。同时，就遗忘专属名而言，我们关心的是短时干扰——以前，这个名字从不曾被遗忘过，明天也可以再次被记起；就遮蔽性记忆来说，我们面对的是没有出错的恒常记忆，因为这种无关紧要的童年记忆似乎能够陪伴我们度过人生中很长的一段时间。在这两种情况下，解决谜团的方式似乎完全不同。一个是遗忘，另一个是唤起我们科学好奇心的记忆。

深思之后，我们就会意识到，这两种现象之间虽然存在着心理材料和持续时间上的差异，但是两者之间的一致性要突出得多。在这两种现象中，我们都会出现因记忆失效而记不起的情况，而这些内容是应该被正确记起的，同时，在两种情况下，都会有替代记忆出现。在遗忘名字时，记忆功能并没有在形成替代名的过程中缺席，而遮蔽性记忆的形成，取决于遗忘其他重要的印象。因此，在两种情况下，我们都会感觉到，思维受到了某种干扰，只是两种情况下的形式有所不同。在遗忘名字的情况中，我们能够觉察到替代名并不正确；在遮蔽性记忆的情况下，我们会吃惊地发现，我们竟然一直记得它们。因此，如果精神分析表明，每种情况下的替代形成，都以同样的方式实现——通过一种表浅联想来替代，我们就可以言之凿凿地说，这两种现象，在内容、时间持续性以及焦点上的不同，足以提高我们的期望。我们也可以确信地说，我们已经发现了一种重要且具有普遍价值的东西。这种普遍性证明了，回忆功能会中止和偏离，是因为这里存在着一种干预倾向，而且，远比我们想象中的来得频繁。这种倾向偏爱某种记忆，还会妨碍另一种记忆。在我看来，童年记忆这个主题十分重要，也非常有趣，因此，我想就这一主题多说几句。

我们的记忆可以回溯到童年的哪个时期？对于这个问题，我要谈谈V. 亨利、C. 亨利（Henri）①和波特温（Potwin）②的研究。他们声称，此类调查显示出极大的个体差异，有些人的记忆可以追溯到六个月大的时候，而有的人甚至想不起他在六到八岁以前的事。但是，这些童年记忆中的差异与什么因素有关，它们又有什么重要意义呢？仅仅通过简单的询问就想收集到这个问题的资料似乎是不够的，我们还必须对它进行研究，提供研究材料的人也必须参与到这个研究中来。

我认为，我们总能淡然地接受婴幼儿期的记忆就是会丧失，并把它称作"幼年失忆症"（infantile amnesia）。也就是说，我们生命最初几年的记忆都会被遗忘。我们也不会认为这里面存在什么难解之谜。然而，我们却忘记了，哪怕是一个只有四岁的孩子，也可以智力超群，能够产生非常复杂的情绪体验。我们确实应该好奇，为什么在后来的记忆中，这些心理过程通常保留得那么少。我们完全有理由假定，这些被遗忘的童年活动，并没有在个体的成长发展中不留任何痕迹地悄悄溜走了。相反，它们的影响十分清晰明确，而且贯穿了个体的一生。尽管童年记忆有如此作用，但它们还是被遗忘了，这可能预示着，记忆的形成（就意识状态下的再现而言）具有特殊的条件，但它完全在我们的知识

---

① 《童年早期记忆研究》，1897年。——原注
② 《早期记忆研究》，《心理学评论》，1901年。——原注

范围之外。如此一来，遗忘童年记忆可能给了我们一把钥匙，让我们可以去理解失忆症。根据最新的研究，失忆症是所有神经症症状形成的基础。

在这些被保留下来的童年记忆中，有一些看似很容易理解，另一些却很奇怪。对于这两种情况，要纠正其中的某些错误并不难。在分析测试了被保留的记忆之后，我们可以确定，这些记忆的正确性并不能得到保证。一些记忆画面毫无疑问是假的，而且支离破碎，或者在时间和地点上存在谬误。受试者宣称，他们最早记得的事发生在两岁之前，但这一点显然并不可靠。我们很快就能找出他们扭曲和替代这些经历的动机，但我们也会看到，这些记忆漏洞并不完全是记忆不可靠造成的。成年过程中的强大力量框定了我们对婴幼儿时期经历的记忆。也许，正是因为这些力量，我们才常常难以理解自己的童年。

众所周知，成年人通过不同的心理素材来进行回忆。一些人通过视觉画面来回忆，因为他们的记忆具有视觉特征。对于另一些个体来说，在回忆时，他们完全不能制造画面感，哪怕一点点也不行。我们把这类人叫作"听觉型"和"运动型"，与沙可（Charcot）①提出的术语"视觉型"（visuels）相区别。但是，做梦时，这些差异就消失了，不存在了。我们所有的梦都具有可视性，栩栩如生。我们在童年记忆中也发现了这种情况，而且它

---

① 沙可（1825—1893），法国神经学家，现代神经病学的奠基人，被称为神经病学之父。

是可塑的，可以看见的，即便对于那些后期记忆缺乏可视性元素的人来说也是如此。视觉记忆，因此保留了婴幼儿时期的记忆类型。我最早的童年记忆具有视觉特征，展示了具有可塑性的描绘场景，类似于舞台布景。

在这些童年场景中，无论它们是真是假，人们通常都可以看到自己小时候的样子，在外形上和着装上都是如此。这种情况一定会激起我们的好奇心，因为成年人在回忆他们后来的经历时，是看不到自己的样子的。①此外，孩子在经历事情时的注意力都集中在自己身上，而不会去注意外部事物，这种假设与我们的经验相悖。我们掌握了许多资料，都可推导出所谓最早的童年回忆并不是真正的记忆，而是后来对它们的加工。它们可能受到成长过程中的心理力量的影响。因此，个体的"童年记忆"完全具备"遮蔽性记忆"的意义，从而类似于各民族在传说中保留的记忆。

无论谁使用精神分析的方法来进行心理研究，他都一定会在这个过程中收集到许多关于遮蔽性记忆的案例。然而，由于童年记忆与后续生活之间的关系特点——我们已经在前面讨论过了，想要把这些例子说清楚非常困难。为了把遮蔽性记忆的价值和早年记忆联系起来，在大多数情况下，我们都必须介绍当事人的整个生活史。只有在极少数的情况下，我们可以将它单独抽取出来，只叙述某个童年回忆。下面这个案例，便是一个很好的

---

① 我自己做过一些研究调查，并由此得出这一结论。——原注

证明。

一名二十四岁的男子记得这样的画面：

五岁那年，他在度假别墅的花园里，紧挨着姑妈坐在一张凳子上。姑妈正在教他认字母。他分不清字母"m"和"n"，就求姑妈告诉他怎样区分。姑妈提醒他注意，"n"就像一扇门，而"m"包含两个"n"，有两扇门。

我们没有理由质疑这种童年回忆的可靠性。然而，这段回忆的意义，直到象征性地表现为男孩子的另一种好奇心时，才真正显露出来。当时，他想知道"m"和"n"的区别，就像他后来关心男孩和女孩的差别一样，而且他只愿意这位姑妈做他的老师。他还发现了两种差异的相似之处：男孩比女孩多出了一部分。认识到这一点之后，他的记忆被那种男孩子的好奇心唤醒了。

有些童年回忆，初看时毫无意义，但经过分析之后，却有了意义。下面，我将再举一个这样的例子。

在四十三岁的时候，我开始对自己心中的童年记忆产生了兴趣。有一个场景常常出现，持续了很长一段时间，不断地浮现在我的意识里。经过确切的辨认，这一场景可追溯到我将满四岁之际。我看见自己站在一口大箱子前面，箱盖打开着。打开它的是我同父异母的哥哥①，他比我大二十岁。我站在那里，要求着什么，大喊大叫。这时，我的母亲突然走进了房间，好像是从街上

---

① 弗洛伊德的母亲是其父亲的第三任妻子，他有两个同父异母的哥哥。

回来的样子。她很漂亮，身材也苗条。

这个场景如我所描述的那样，清晰地浮现在我的眼前，但也再没有其他线索了。哥哥是想打开还是关上这个箱子（第一次分析时，是一个"壁橱"）？我为什么哭闹？母亲的到来有什么影响？所有这些问题都让我摸不着头脑。我试图这样解释：哥哥恶作剧，想要作弄我，但母亲阻止了他。误解记忆中保留的童年场景，这种情况并不少见。我们记起了一个情境，但它并不清晰，我们不知道该把重点放在哪些因素上面。

在经过精神分析之后，我从这个画面中得到了一个完全出乎意料的答案。我想念我的母亲，怀疑她被锁在这个壁橱或箱子里，因此请求哥哥打开它。哥哥满足了我的要求，我得以确信母亲并不在箱子里，于是，我哭了起来。这个时刻深深扎根在了我的记忆里。紧接着，母亲出现了，平息了我的担忧和焦虑。

但是，孩子是怎么想到要在箱子里寻找不在场的母亲的呢？就在做这个梦的同一时期，我还做了另外一些梦，这些梦隐约地指向了一个保姆。关于这个保姆，我还记得她其他的事，比如她尽责地敦促我把别人送给我当礼物的小硬币交给她。这一细节本身就体现了遮蔽性记忆在长大后的价值。

为了便利起见，我结束了分析，并向我母亲询问那位保姆的事。于是，我查明了所有的情况，其中包括这位保姆是一个精明但不诚实的人。在我母亲生孩子期间，她偷了很多东西。在她被绳之以法的过程中，我的这位哥哥发挥了作用。这些信息就像钥匙，帮我打开了童年记忆的大门，就像获得了某种灵感。当时，这位保姆突然消失了，这件事对我来说并不太重要。我只是问过哥哥她去了哪里，可能注意到她的失踪与哥哥有关。哥哥闪烁其词，风趣诙谐，就像现在一样，回答说她进了"箱子里"。我当时还只是小孩子，只能理解这个答案的字面意思，但也就不再多问了，因为没有别的什么好去挖掘的。当我母亲不在时，我也会怀疑顽皮的哥哥把她"装进箱子里"了，就像他对这个保姆做的那样，并因此动手推了他。

此外，我明白了在这个童年场景中，我为什么要强调母亲身材苗条。我当时一定是注意到她的身材恢复了原样。我的妹妹就是那时出生的，我比她大一岁半。在三岁时，我其实就和同父异母的哥哥分开了。

第五章

口误

虽然母语中的一般性口语内容似乎有反遗忘的功能，然而，在应用过程中，它们还是常常会受到干扰，出现我们所熟知的"口误"。在正常人身上，我们可以观察到口误的现象。对此，我们会觉得，它是在病理条件下才表现出来的所谓"言语错乱"（paraphasias）的开端。

说到这个主题，我不得不提到之前的一篇文章。1895年，梅林格（Meringer）[①]和迈尔（Mayer）发表了一篇名为《口语与阅读中的错误》（*Mistakes in Speech and Reading*）的研究报告，我并不赞同他们的观点。其中的一位作者是语言学家，也是文章的发言人。他感兴趣的是语言学，并以此为立足点研究了控制这些口误的规则。他希望从这些规则中推断出"明确的心理机制"：一个词、一个句子的发音，甚至是词语本身，彼此之间以一种特有的方式联系起来。

这两位作者首先将他们收集到的口误例子根据"纯粹描述性观点"进行了分组，其中包括：相互易位，比如把"米洛的维

① 梅林格（1859—1931），奥地利语言学家。

纳斯"（the Venus of Milo）说成"维纳斯的米洛"（the Milo of Venus）；前移，比如把"这双鞋让她的脚酸痛"（made her feet sore）说成"这双鞋让她酸痛脚"（made her sorft）；合并重复的词，如把"我很快就会回家见到他"（I will soon go home and I will see him）说成"我很快他回家"（I will soon him home）；替代，如把"他把钱交托给了储蓄银行"（saving bank）说成"他把钱交托给了储蓄曲柄"（saving crank）①。除了这些主要类别，还有其他一些不那么重要（或者说就我们的目的而言意义不大）的内容。在这个分组中，词序换位、变形、结合等，对是否影响到单词或音节的单独发音，或是影响到相关句子的所有单词，并没有起到作用。

为了解释各种形式的口误，梅林格假定语音具有不同的心理值。当词语的第一个音节或一个句子的第一个词受到神经影响时，刺激过程立即就会直击后续的发音或后续出现的词语。鉴于这些神经影响具有同步性，它们可能会造成一些变化。精神上强烈的声音刺激在回响前或继续回响时发出声音，从而干扰了不太重要神经支配过程。因此，确定一个词语中哪个发音最重要是很有必要的。梅林格陈述道："如果有人想知道一个词语的哪一部分发音最重要，那么，在寻找被遗忘的词时，比如，被遗忘的姓名，他就应该好好地审视一下自己。那个最先回到意识中的词

---

① 这些例子是编辑给的。——原注

语，总的来说，强度都比被遗忘词大。因此，那些最重要的发音，是词根音节的起始音和单词本身的起始音，以及某个重读元音。"

就此番言论，我忍不住要予以反驳。不管名字的起始音是否属于这个词中最重要的部分，肯定不正确的是，在遗忘这个词的情况下，它会首先回到意识中来。因此，梅林格在上面所说的规则毫无用处。当我们在找寻一个被遗忘的名字时，我们看到比较常见的情况是，我们会说这个词以某某字母开头。事实证明，虽然我们很确定自己是对的，但事后常常发现事实根本不是这样。我甚至可以断言，在大多数情况下，大家回忆起来的起始字母都是错的。在前面提到过的西诺莱利（Signorelli）这个案例中，替代名的起始发音就不是"s"，它们的主音节也不一样。另两个不太重要的音节"elli"却出现在替代名"波提切利"（Botticelli）中，出现在了我的意识里。

从下面这个案例中，我们可以看到替代名是多么地"不尊重"遗忘名字的发音。

有一天，我怎么也想不起一个小国家的名字了，只记得它的首都是蒙特卡洛（Monte Carlo）[①]。我脑中出现的替代名

---

① 此处有误，蒙特卡洛并不是摩纳哥的首都，而是它的一个著名城市。摩纳哥首都为摩纳哥城。

有：皮埃蒙特（Piedmont）①、阿尔巴尼亚（Albania）②、蒙得维的亚（Montevideo）③、科利科（Colico）④。很快，黑山（Montenegro）又出现了，代替了阿尔巴尼亚（Albania）。我马上意识到，除了最后一个词"科利科"（Colico），每个替代词中都有"Mont"（发音为/mon/）这个音节。因此，我很容易就从阿尔伯特亲王（Prince Albert）⑤名字中想到了被遗忘的国名：摩纳哥（Monaco）。科利科（Colico）这个词实际上仿效了这个被遗忘的国名的音节顺序和节奏。

如果我们承认这样一个猜想，即类似于表现在名字遗忘中的机制，也可能在口误现象中发挥作用，那么，我们就能更有根据地判断口误案例了。说话受到干扰，表现为口误，首要原因可能是受到了本次谈话中另一些内容的影响，如，前面的发音或者话语结构和内容的重复，或者是因为句子中的另一个含义和上下文与说话者想要表达的内容不一样。其次，干扰也可能与西诺莱利（Signorelli）案例中的过程类似，影响并非来源于这个词、句或上下文，而是来自我们并不想表达出来的内容。有些干扰，我们并不能意识到，只有在它们产生阻碍之后，我们才能意识到它们的存在。这两种口误的起源模式里，有共同点，也有差别。其共

---

① 位于意大利西北部，是意大利最负盛名的葡萄酒产品。
② 位于欧洲东南部，巴尔干半岛上的一个国家。
③ 乌拉圭首都。
④ 意大利北部城市。
⑤ 指阿尔伯特一世（1848—1922），他从1889年起担任摩纳哥亲王。

同点在于刺激的同时性，而差别是干扰源于同一句子或上下文的内部还是外部。

初看起来，这种差异并不大。但是，当我们从口误的症状学中得出结论，并把这些结论纳入考虑之后，差异似乎就很大了。然而，很明显只有在第一种情况下，我们有望从涉及一种机制的口误表现形式里得出结论，这种机制将发音和单词连接在一起，使它们的发音相互影响。也就是说，这种结论是语言学家希望从口误研究中得到的结论。

如果干扰不是来自同一个句子或上下文，在这样的案例中，首要问题是要了解干扰因素，接着，我们还要知道，这一干扰的机制是否也不能表明言语形成的可能规则。

我们不能说，梅林格和迈尔忽略了"复杂的心理影响"也可能使言语受到干扰，也就是说，同一个字、同一个词或相同的词序以外的这些因素也会产生干扰。事实上，他们一定观察到了，发音会引发心理变化这一理论，严格地说，仅适用于解释前音的干扰。当词语干扰并不仅仅因为发音时，比如，在出现替代词和拼凑词时，他们同样会毫不迟疑地设法找出存在于上下文之外的口误原因，并通过相应的例子证明这种情况。①根据作者自己的理解，目标句子和其他非目标句子中的某个词之间有一些相似之处，这就使得后者可以通过变形、组合或折中（拼凑）等方式在

---

① 对此感兴趣的人，可以参见梅林格和迈尔的这部作品，第62到97页。——原注

意识中显现出来。

在《梦的解析》[①]一书中，我展示了凝缩过程（condensation）在所谓梦的显性内容从梦的潜在思想中发端时所起的作用。无意识内容之间各因素的相似之处，或词语上的相似之处，都被看作第三者形成的原因，也就是说，用到了组合或折中的方式。这个因素展示了梦境中的两个组成部分。鉴于这种起源，它常常被赋予许多相互矛盾的个体决定因素。口误中的处理手段和拼凑，因此成为凝缩工作的开始。这种凝缩，在梦的建构中发挥着最为积极的作用。

在一篇面向普罗大众的小文章中[②]，梅林格针对互换词语的某些情况提出了一个非常具有实用价值的理论。这一理论特别适合替代词正好是反义词的情况。于是，他举了下面这个奥地利众议院议长的例子。

不久前，奥地利众议院议长宣布议会会议即将开幕。

他说道："尊敬的先生们，到场的有×××先生、×××先生……现在，我宣布会议'闭幕'！"

大家一下子就乐了，他这才反应过来，纠正了自己的错误。针对这个案例，我们可以解释说，议长其实是希望自己能够结束本届会议，因为对于这届会议，他并不寄予多大的希望。他的这种想法突围而出——至少部分地显露了出来，导致他把"开幕"

---

① 弗洛伊德重要的代表作，出版于1899年。

② 《为什么人可以向自己承诺》，新自由出版社（1900）。——原注

说成了"闭幕"。这种说法与他应该要表达的内容恰恰相反。很多次我都观察到，我们经常会用反义词来替代应该说的词，它们已经与我们的语言意识发生了联系；它们非常接近，让我们很容易出错，误用它们。

并非所有用反义词来替代的情况都像在这个例子中那样简单。在这个例子里，这位议长说错了话，他说出的那个词正好与说话者应当表达的意思相反，但那才是说话者内心的真实想法。在分析"aliquis"这个案例时，我们发现了类似的机制，但说话者用来表达内心矛盾的方式，不是用另一个与之反义的词来替代，而是忘了这个词。因此，这两个案例之间看起来是有差异的。但是，我们应该知道，"aliquis"是一个小小的不定冠词，不能像"开"和"关"那样形成鲜明的对比，而且"开"这个词也不太可能被遗忘，因为它在口语中太常用了。

在梅林格和迈尔最后提供的案例中，我们可以看到，不管是目标用词前面的词、后面的词，还是同一句子中的其他词语，它们的发音都会对说话形成干扰。同样，目标句子以外的那些词也会造成干扰，但是，在一般情况下，我们是不会怀疑这些词的。接下来，我们希望说明的是，能否确切地将两类口误分开，以及应该如何区分这两种类型的案例。

另外，在现在这个讨论阶段，我们还必须把冯特（Wundt）[1]

---

① 冯特（1832—1920），德国生理学家、心理学家、哲学家，被公认为实验心理学之父。

的观点纳入考虑之中。在他近期关于语言发展的著作①中，冯特论述了口误的表现。"在发生口误时，"冯特写道，"心理影响从不缺席，而且与口误相关的其他现象也从来少不了来自心理的影响。"口语的发音会激起发音联想，也会让人联想到一系列相关词语。它们源源不断，自由流淌，最初是一种积极因素。接着，意志力开始约束这一系列联想。意志力对其产生影响，要么放任自流，要么极力压制，于是它们变成了消极因素。此外，它们成为消极因素还有一个原因，那就是引起了主动注意，在这里，主动注意是意志力的一种功能。那种联想的作用表现为对后面即将出现的发音的预见，还是表现为对前面发音的重现，是否有熟悉的惯常发音夹在其他发音之间，是否表现为与口语有联想性关系的完全不同的发音作用于它们，所有这些问题都只能说明，它们的差异只存在于方向上，而且最多只在所发生的联想中，而不存在普遍特征上的差别。在一些案例中，某种干扰应该归因于何种形式也是不太确定的，或者遵循原因复杂性原则②，把这种干扰归结为多种动机的共同作用，会不会更不正确呢？

我认为，冯特的这些观察是绝对合理的，很有启发性。也许，我们可以比冯特更加坚定地强调，容易造成口误的正因素——不受抑制的联想流和其反因素——对抑制性注意的放松，会定期同步行动。因此，这两个因素其实只是同一过程的不同决

---

① 《民族心理学》，第一卷，1900年。——原注
② 斜体部分是"我"（指弗洛伊德）的理论。——原注

定条件。随着受到抑制的注意力的放松，或者更明确地说，通过这种松懈，受到抑制的联想流变得活跃起来。

在我收集到的错误例子中，我几乎找不到一个例子可以用来证明言语干扰能够被简单归因于冯特所说的"发音联系效应"。我发现，除了这一点，还存在着另一种干扰性影响，但它超越了我想说的内容。干扰因素要么是单一的无意识想法（通过特殊的漏洞才能暴露出来，而且只有通过精神分析才能让它进入意识），要么是一种普遍的心理动机，与整个谈话内容针锋相对。

下面，我将列举一系列案例。

（例1）我的女儿在咬苹果时扮了一个不开心的鬼脸。看到她的表情，我想起了下面这组句子：

The ape his a funny sight.

When in the apple he takes a bite.

我想把它念出来，但是，我张口却说："这只猴苹（apel）……"

这个词似乎由"猴子"（ape）和"苹果"（apple）拼凑而成（折中形成）。或者，我们可以设想，我心里想说的是"苹果"。然而，事情的真实情况是这样的：之前，我引用过这句话一次，那一次并没有说错，错误出现在我重复它的时候。犯错是必要的，因为我女儿的注意力已经转到了其他地方，没有再听我说话。在重复这句话时，我其实迫不及待地想摆脱它，这便是出现这次口误的原因，于是，它通过凝缩功能表现了出来。

（例2）我女儿说："我给施赖辛格夫人（Mrs. Schresinger）写了信。"其实，这位夫人的名字叫施莱辛格（Schlesinger）。这种口误可能取决于更容易发音的趋势。但是，我必须指出的是，我女儿犯错误，是在我把"猴子"说成"猴苹"后不久。口误在很大程度上具有传染性。梅林格和迈尔在研究名字的遗忘时，也注意到了类似的特点。但是，对于这种传染性的原因，我还毫无头绪。

（例3）"我像一把小折刀一样关上了。"一位病人在治疗开始时说道。但是，她把"关上"（shut up）说成了"瓜上"（sut up）。她没能清楚地咬字发音，这可能是不愿意说话交流的借口。当我请她注意发音错误时，她立马回答说："我是说错了，但那是因为你把'认真'（earnest）说成了'认直'（earnesht）。"事实上，我在见到她的时候曾对她说："今天，我们要认真一点儿。"（因为那天是她最后一次治疗了。）为了开玩笑，我把"认真"说成了"认直"。在治疗过程中，她反复地出现口误。最后，我注意到这并不仅仅因为她在模仿我，还因为她无意识地想着恩斯特（Ernst）这个人名。而她这样做，有她特殊的原因。①

（例4）一个女人谈到一个游戏。这个游戏是她的孩子们发

---

① 事实证明，她受到了有关怀孕和预防怀孕的思想的影响。说"我像一把小折刀一样关上了"，表面上看，是她在有意地表达抱怨，但事实上是在描述子宫里孩子的样子。我所说的"认真"（earnest）一词，让她想起了与之发音相似的一个名字——这是维也纳一家著名的商业公司，位于卡斯纳大街。这家公司曾经推销过避孕的产品。——原注

明的，他们把它称作"盒子里的男人"（the man in the box），但她把"盒子里的男人"（the man in the box）说成了"保盒里的男貂"（the manks in the boc）。

我很容易就理解了她的错误。这个口误，发生在我为她解析梦的时候。在梦中，她的丈夫慷慨大方，挥金如土。这与现实正好相反。就在前一天，她想买一套新皮草，但她丈夫拒绝了，说他负担不起这笔费用。她责备他吝啬，"只知道把钱放进保险箱"。她还提到了一个朋友，说她丈夫的收入远不及自己的丈夫，却送给妻子一件貂皮大衣作为生日礼物。经过这番解释，我们便可以理解她为什么会说错了。男貂（Manks）这个词包含了她所渴望的貂皮（mink）大衣；保盒（boc）指保险箱，意指她丈夫很吝啬。

（例5）另一个患者的口误也表现出了类似的机制。她无法回忆起自己童年时期的一段记忆，忘了自己身体的哪一部分被人窥探和猥亵过。此后不久，她拜访了一位朋友，并和她讨论起避暑别墅。当被问及她在M地的乡间别墅位于哪里时，她回答说："靠近山腰（mountain loin）。"但她实际想说的是"山路"（mountain lane）。

（例6）在治疗结束前，我向一位病人问起她叔叔的境况。她回答说："我不知道，我只在作案现场（in flagranti）见过他。"

第二天，她对我说："想起昨天那个愚蠢的回答，我就羞愧难当！你肯定会认为我没有教养，总弄错外语词的意思。其实，我想说的是顺道（en passant）。"

当时，我们并不知道她为什么会错用那个外语词，但是，在后来的治疗中，她重现了一段回忆，延续了前一天的主题。这段回忆的主要内容就是在作案现场（in flagranti）被抓。因此，前一天的口误预示了这段回忆，只是当时它还没有进入她的意识。

（例7）一位病人讨论起她的暑期计划。她说："夏天的大部分时间我都会留在埃尔伯伦（Elberlon）。"其实，她想说的是埃尔伯顿（Elberton）。她注意到了自己的错误，并请我帮她分析一下。

埃尔伯顿（Elberton）引出的联想如下：泽西海岸的海滨——夏季度假胜地——度假旅行。这让她想起和表妹在欧洲旅行的事。这个话题，我们曾在前一天分析梦的时候讨论过。梦涉及她不喜欢这个表妹，她承认这是因为她们一起在国外旅行时遇到了一位男士，比起她来，这位男士更喜欢她表妹。在分析梦的时候，她记不起她们是在哪里遇到这位男士。但我并没有花时间让她去回忆这座城市的名字，因为当时我们聚焦于一个完全不同的问题。当我请她再次把注意力集中到埃尔伯顿，并再现她的联想时，她说："这让我想起了埃尔伯劳恩（Elberlawn）——草地（lawn）——田地（field），然后就是埃尔伯费尔德（Elberfield）。"埃尔伯费尔德（Elberfield）就是这个被遗忘的德国城市名。在这里，口误的作用是隐藏会唤起与痛苦感觉相关的记忆。

（例8）一个女人对我说："如果你想买地毯，就去马修街（Matthew Street）的麦钱特（Merchant）那里。"

我重复道："啊，马修那里……我是说，在麦钱特那里……"

在重复她的话时，我用一个名字代替了另一个名字，这似乎只是分心的结果。那个女人的话的确让我分神了，因为她让我把注意力转向了对我来说比地毯更重要的东西。

在嫁给我之前，我妻子就住在马修街的一幢房子里，这幢房子的大门朝向另一条街。当时，我注意到自己忘记了那条街的名字，只能通过一种迂回的方法回忆起来。因此，马修（Matthew）这个名字引起了我的注意，并替代了被遗忘的那条街名。马修比麦钱特（Merchant）这个名字更适宜，因为它只是一个单纯的人名，而麦钱特（Merchant）不但是人名，还有"商人"的意思。那条被遗忘的街道也取了一个人名——拉德茨基（Radetzky）。

（例9）一名患者首次来就诊，从她的病历来看，造成她神经质的原因主要是婚姻生活不幸福。我还没来得及鼓动她，她就开始大讲特讲她的婚姻问题。她已经大约六个月没有和丈夫住在一起了。她最后一次见到他是在剧院里，当时，她去看《警官606》（*Officer 606*）。我请她注意自己说错了剧名，她立即纠正了回来，说她想说的是《警官666》（最近的一部流行剧名）。于是，我决定要找出她犯错的原因。在对她进行分析治疗时，我发现她和丈夫关系破裂的直接原因，就是需要用"606"①去治疗的疾病。②

（例10）一名病人打电话来预约，想知道我的诊费是多少。他被告知第一次咨询是十美元。在检查结束后，他问我需要付多少钱，并补充道："我不喜欢欠任何人的钱，特别是欠医生的；我喜欢马上就付清（pay）。"在说"付清"（pay）的时候，他说错了，说成了"玩"（play）。他的这番自发言论和口误引起了我的警惕。他又说了几句不必要的话，但让我安心的是，他从口袋里掏出了钱。他数了四美元，然后表现得非常懊恼和惊讶，因为他身上只有这些钱了。他承诺余下的金额会寄支票付给我，但我确信，他的口误已经出卖了他，他只是在逗我玩（play），但那时，也没有其他解决办法了。几周后，我给他寄去账单，催促他支付余款，但账单被邮局退了回来，上面写着"查无此人"。

（例11）X小姐非常热情地谈到了Y先生。这是一件奇怪的事，因为以前她对他总是很冷淡，甚至有点蔑视。当被问及为什么会心意突变时，她回答道："我从来没有对他有任何不满；他一直对我很好，但我从来没有给过他结识我的机会。"在说结

---

① 一种含砷的抗梅毒药。

② 其他心理分析师也向我讲述过与《警官666》类似的错误。

识（cultivate）一词时，她说了结俘（cuptivate）。这个新词是一个拼凑体，是"结交"（cultivate）和"俘虏"（captivate）这两个词各取一半组合在一起的。果不其然，不久之后，他们订婚了。

（例12）在下面的口误（Lapsus linguæ）案例中，我们会看到拼凑和凝缩机制。

提起Z小姐，W小姐说她是一个非常"固执刻板"的人，不喜欢变化。对此，X小姐评论道："是的，这个描述很中肯，她就是这种性格的人。我总会注意到她很'固执厚颜'（straicet-brazed）。"在这里，X小姐错误地把"固执刻板"（straitlaced）和"厚颜无耻"（brazen-laced）两个词拼凑在了一起，这与W小姐对Z小姐的看法相符。

（例13）下面，我将引用我的同事——斯特克尔（Stekel）[①]博士文章中的一个例子。这篇文章刊登在1904年1月出版的《柏林日报》上，题为《无意识的自白》。

文章的内容如下：

"这个案例揭示了一个令人不快的把戏，而这个把戏源于一个令我不快的想法。

"首先，我要说的是，作为一名内科医生，我从不考虑报酬，只以病人的利益为重。这是一个不言而喻的事实。有一次，

---

① 斯特克尔（1868—1940），奥地利精神分析学家。

我正拜访一位从重症中康复的病人。我们一起度过了艰难的日日夜夜，我很高兴她渐渐地好转了。我向她描述了在阿巴齐亚（Abbazia）逗留的乐事，最后说道：'如果我说得没错，你很快就不能下床了。'显然，这出自无意识中的自私动机，我希望能够继续为有钱的病人治疗，但是，我完全没有意识到这一点，而且就算意识到了，也会矢口否认。"

（例14）这个案例也来自斯特克尔博士，他描述道：

"我妻子雇用了一名法国女家庭教师，但她只需要在下午工作。后来，她们达成了一致协议，但女家庭教师希望保留前任雇主写的推荐信。她恳求能够保留这些推荐信，说：

'我还要找下午可以做的工作。啊！对不起，我说错了，是上午。'（Je cherche encore pour les après-midis-pardons, pour les avant-midis.）

"她似乎打算骑驴找马，边做边寻找一个更有利可图的职位。这便是她心中的意图。"

（例15）一名丈夫请我前去劝诫他的妻子。在我同这位女士讲话时，她的丈夫也站在门后听。我的说教产生了明显的影响，结束时，我说道："再见，先生！"对有精神分析经验的人来说，我暴露了一个事实：我的话都是针对丈夫讲的，我所说的这些话都是为了成全他。

（例16）斯特克尔博士讲了一件他自己遇到的事。

有一次，他同时治疗了两位来自特里斯特（Triest）的患者，他常常把这两个人的名字搞混。

"早上好，佩洛尼（Peloni）先生！"他对着阿斯可利（Askoli）问候道。

对着佩洛尼，他又会说："早上好，阿斯可利先生！"

起初，他并不认为这个错误有什么深层次的动机，只把它解释为这两个人有不少相似点。然而，他知道，混淆两人的名字其实是一种自吹自擂。也就是说，他要让这两个意大利病人都知道，从特里斯特到维也纳来向他求医的不止一人。

（例17）两个女人在一家药店前停了下来，其中一位对她的同伴说："你等我一会儿，我很快就回来。"但是，她把"一会儿"（moment）这个词错说成了"排便"（movement）。此时，她正想去为孩子买卡斯托里阿（castoria）。

（例18）比起打电话，L先生更喜欢人们直接来拜访他。有一次，他从附近的避暑胜地给我打电话，问我什么时候会去拜访他。我提醒他，这次应该他来看我，并请他注意这样一个事实：他是快乐的有车一族，他来看我要更方便。我们住在不同的避暑地，坐火车大约需要一个半小时。他很高兴地答应会来看我，并问道："劳动节（9月）怎么样，你方便吗？"当我回答可以时，他说："那好的，那我选举日（11月）来。"

他犯错的原因显而易见。他想要来看我，但路程有点儿远，非常麻烦。而11月的时候，我们都会回到维也纳。后来，我的这一分析也得到了证实。

（例19）一位朋友向我描述起一名神经质病人，想知道我能否帮助他。

我说："我相信自己可以通过精神分析及时消除他所有的症状，因为他的病持续很久了（durable）。"但事实上，我想说的是"因为他的病是可以治好的（curable）"。

（例20）我一再称我的一位病人为史密斯夫人（Mrs. Smith），但其实，她是詹姆斯夫人（Mrs. James），史密斯夫人是她的女儿。这一点引起了我的注意。很快，我就发现我还有一个名字与她一样的病人，那位詹姆斯夫人拒绝支付她的治疗费用；史密斯夫人也是我的病人，她总能及时地付账。

（例21）有时候，口误代表着一种特性。

一名年轻女子在家中非常强势，她在谈到生病的丈夫时说，他曾向医生咨询过要怎样吃才更健康。接着，她补充道："医生说，饮食和他的病情没有任何关系，所以，我想给什么他就要吃什么喝什么。"

（例22）我一定不能漏掉下面这个例子。虽然它发生在大约二十年前，但它是一个很好的例子，很有启发性。

有一次，一名女子在公开场合表达了自己的想法。这些话充满了热情，也受到许多隐秘情绪的压抑。她这样说道："是的，想要取悦男人，女人必须长得漂亮。但男人就好多了，他们只需五肢健全（five straight limbs）就足够了！"

从这个案例中，我们可以很好地洞察到口误——凝缩和拼凑——的隐秘机制。很明显，这里融合了两种相似的表达方式：

他们只需四肢健全（four straight limbs）。

他们只需五官健全（five senses）。

也或者，"健全"这个词才是两者想要表达的共同元素：

他们只需肢体健全。

五官健全就行了。

我们也可以假设，这两种表达方式——"五官"和"五肢"——共同协作，把"肢体健全"引入了句子中，先是数量，然后才不可思议地把一般情况下的"四"变成了"五"。但是，如果这种融合没能在源于错误的形式中表达正确的意思，如果它并不是从一个女人嘴里不加掩饰地说出来，表达出一个愤世嫉俗的真相，那么，它肯定不会达到预期的效果。

最后，我们还应该注意这样一个事实：这个女人说的话既可以是绝妙的俏皮话，也可以是诙谐的口误。问题只在于她说这些话是有意识还是无意识的。在这个案例中，说话者显然不是有意的，因此，我们可以排除诙谐幽默的可能。

（例23）下面这个口误的例子与前面的内容非常相似。分析解释这个案例不需要多少技巧，我在这里把它补充进来。

一位解剖学教授努力想要解释清楚鼻孔的构造。众所周知，鼻孔是复杂的解剖学结构。当他问大家是否听明白时，他得到了肯定的回答。于是，这位要强的教授说道："我简直不敢相信你们真的懂了，因为了解鼻孔构造的人，即使在维也纳这样拥有数百万人口的城市里，一个手头（暗指只有他一个人懂）就能数得过来。对不起，我想说的是，一个手的指头就能数得过来。"

（例24）我能够注意到这位法国老作家所犯的这两个错误，要衷心感谢维也纳的阿尔夫·罗比特哲克（Alf Robitsek）博士。原文如下：

Brantôme (1527-1614), Vies des Dames galantries, Discours second: "Si ay-je cogneu une très belle et Honneste dame de par le monde, qui, devisant avec un honneste gentilhomme de la cour des affaires de La guerre durant ces civiles，elle luy dit: 'J'ay ouy dire que le roy a faiet rompre tous les c-de ce pays là.' Elle vouloit dire le ponts. Pensez que, venant de coucher d'avec son mary, ou songeant à son amant, elle avoit encor ce nom frais en la bouche; et le gentilhomme s'en eschauffer en amours d'elle pour ce mot.

"Une autre dame que j'ai cogneue, entretenant une autre grand dame plus qu'elle, et luy louant et exaltant ses beautez, elle luy dit après: 'Non, madame, ce que je vous en dis, ce n'est point pour vous adultérer; voulant dire adulater, comme elle le rhabilla ainsi: pensez qu'elle songeoit à adultérer." [1]

在解决和消除神经症症状的心理治疗过程中，我常常要面临的任务是从患者不经意的表达和空想中发掘他们的想法。这些想法虽然极力地想要隐藏起来，但也会有意地暴露自己。在这个过程中，错误往往会提供非常有价值的帮助，我可以举出一些可信且非常独特的例子来说明这一点。

比如，一些病人会谈到自己的姑母或姨母，说到后来，他们会不知不觉地误称她为"母亲"。也有病人把丈夫误称为"哥哥"（或弟弟）的情况。这一点引起了我的注意。他们会把这些人"等同"，将他们归入同一类别，是因为他们从这些人身上得到的情感体验相同。我也遇到过这样的事情：一个二十岁的年轻人来到我的办公室，说："我是你的病人N的父亲。对不起，我是说，我是他的弟弟。哎呀，他可比我大四岁呢！"我能理解他犯下这个错误的原因，以及他想表达的是什么。和他哥哥一样，他因为父亲的挑剔指责而患病，也希望能像哥哥一样被治好，而那个最需要接受治疗的人却是父亲。很多时候，一个不寻常的词

---

① 布朗托姆（1527—1614），《献殷勤的女士们的生活》，译文如下：

"我认识一位非常美丽又诚实的女士，她正与一位绅士讨论战争问题。她告诉他说：'我听说国王要把全国的……都拆掉。'她想说的应该是'桥'，这个词与那个漏掉的词发音相似。想想吧，她刚和丈夫共枕，抑或是在想念情人，还把这个词表现在了她的口误上。这位绅士却因为这个词更炽热地爱上了她。

"我还想到一位女士，她狂热地关注另一位女士，甚至超过了关心自己。她称赞甚至吹嘘后者的美貌，还对她说：'夫人，我对你说的，没有半点不是假话。'"

语排列，或一次不自然的表达，就足以揭露患者言语中被压抑的想法，这些想法有着不同动机。

无论言语障碍是粗还是精，都可以被归为"口误"，然而，我发现决定这些口误产生的并非声音的接触效应，而是意图言语之外的想法。我并不怀疑发音会相互影响，但是在我看来，仅凭这一点并不足以破坏正确的言语表达。我仔细地研究和调查过一些案例，它们也仅仅展示了预先形成的机制，而这种机制很容易被一种更远的心理动机所利用。然而，后者并没有对这些发音关系形成一定范围内的影响。在谈话错误中出现的替代，很多完全没有遵循这些发音规则。就这一点来说，我完全赞同冯特的观点。他认为，口误背后的条件很复杂，远远不是发音联系能够解释的。

如果我接受了冯特所说的"遥远的心理影响"，那么，我也应该承认，在语速很快时，一部分注意力会被转移，口误的原因可能很容易被限制在梅林格和迈尔的规则中。然而，在这些人收集到的案例中，我们可以很明显地看到更复杂的原因。

对某些形式的口误，我们可以假设，干扰因素是为了对抗淫秽词语和色情含义。有目的地乱说词语，编造短语，是粗人才喜欢做的事。他们这样做的目的，只不过是想借用无害的动机来回想淫秽的事物。这种事情很常见，因此，如果它只是无意出现，违背意愿，那么，它一点儿也不值得注意。

这些解析，虽然没有证据来证明，而且这些案例也都是我自已收集到并通过精神分析来解释的，但我相信，读者们一定不会小看这些解释的价值。但是，私底下，我依然抱有期望，即使看似简单的口误也能够追溯到一种干扰上来，这种干扰来源于受到一定压抑的观点，从而切断了预期的上下文联系。这是梅林格观察到的，我觉得它很值得注意。梅林格断言，没有人愿意承认自己说话时犯了错，这一点很值得注意。就算是聪明而诚实的人，被人提醒说错了话，他们也会觉得受到了冒犯。我不会冒这样的险，像梅林格说得那么决断，使用"没有人"这样的词。但是，依附于错误表现的情感痕迹，具有重要的意义，而且，它显然具有羞耻感的特征。它可以归为愤怒，表现为记不起一个被遗忘的名字，惊诧于那样一段无关紧要的记忆竟然如此顽强，而且，它总能表明，在干扰的形成中，有动机的参与。

故意把名字搞错，可以说是一种侮辱。在上述那些非故意的口误案例中，它也具有同样的意义。迈尔说过，有人曾经把"弗洛伊德"（Freud）说成了"弗洛伊德尔"（Freuder），因为不久之前，他提起过"布洛伊尔"（Breuer）①这个名字。后来，他又把"弗洛伊德–布洛伊尔方法"说成了"弗洛伊尔–布洛伊德（Freuer-Breudian）方法"。这样的人，对这种方法必然不太有兴趣。

后面说到笔误时，我还会论述一个乱写名字的案例。就那个

---

① 布洛伊尔（1842—1925），奥地利精神病医生，与弗洛伊德合著《癔症研究》。

案例来说，它不可能存在其他解释。①

在这些情况下，干扰因素是一种批评态度，而且，就目前而言，它与说话者的意图不符，因此被忽略了。

---

① 我们可以看到，贵族们尤其容易歪曲为他们诊治的医生的名字。由此，我们可以得出这样的结论：虽然他们习惯对医生以礼相待，表现得文质彬彬，但心里其实看不起他们。在这里，我要引用几个与遗忘名字相关的很好的案例，它们摘自多伦多的E. 琼斯教授的作品（《心理分析论文集》，第三章，第49页）：

当自己的名字被人忘记时，很少有人会不感到气愤，特别是在他们希望或期望自己的名字被这个人记住的情况下。他们本能地意识到，如果自己给对方的印象更加深刻，他们一定会记得自己，因为名字与叫这个名字的人是密不可分的。同样，大多数人都会认为，被一个大人物直呼其名是最大的赞美。在他们这样期望的时候，情况更是如此了。与许多男性领袖一样，拿破仑深谙此道。1814年，在法国那场惨烈的战役中，他证明了自己具有惊人的记忆力。经过克拉奥讷（Craonne）附近的一个小镇时，他回忆起二十多年前在拉费尔炮兵团（La Fere Regiment）里见过这里的市长——德·布西（De Bussy）。德·布西非常高兴，立即以非凡的热情鞍前马后地为他效劳。

反之，没有什么比假装忘记一个人的名字更让人感到受到了冒犯。此举的言外之意，是这个人在我们眼中一点儿也不重要，甚至连名字都懒得去记它。文学作品中常常出现这种手法。

屠格涅夫的长篇小说《烟》（第255页）里就有这样的场景：

"所以你仍然觉得巴登（Baden）很有趣，列特维洛夫……先生（M'sieur——Litvinov）。"在称呼列特维洛夫时，拉特米罗夫（Ratmirov）总是犹犹豫豫，好像每次都忘了，不能立马就记起来似的。这种方法，还有他问候列特维洛夫时挥动帽子的态度，都是他辱没列特维洛夫自尊心的方式。

同样也是屠格涅夫，在《父和子》（第107页）中写道："州长邀请基尔萨诺夫（Kirsanov）和巴扎罗夫（Bazarov）参加他的舞会。几分钟之后，他再次邀请了他们，还把他们认作兄弟，称他们为基萨罗夫（Kisarov）。"他忘记了自己曾同他们说过话，还叫错了名字，分不清这两个年轻人，这简直就是最严重的贬低和轻蔑。与忘记名字一样，乱叫名字也有十分重要的意义，与完全忘记仅一步之遥。——原注或者，情况正好相反。替代名，或陌生名字的使用，表示出了对这个人的欣赏。错误表示认同，等同于一种认可，但到目前为止，这种认可还不能充分地呈现。

费伦齐博士就有过这样的经历，当时他还是一名学生。

"上大一时，我不得不在全班同学面前背诵一首诗。这是我有生以来第一次做这样的事。我做了充分的准备，然而，我一张口，下面就爆发出一阵笑声，搞得我不知所措。后来，教授向我解释了原因。最开始，我背出了诗名《来自远方》，这并没有什么不妥。但接下来，我并没有念出作者的名字，而是说出了我自己的名字。诗人名叫亚历山大·裴多菲（Alexander Petofi）①。我与他同名，也叫亚历山大。我脱口而出自己名字，与这个不无关系，但是，真正的原因是我当时非常认同这位著名的英雄诗人。我心中对他充满敬仰之情，甚至到了崇拜的地步。这个错误行为的背后，隐藏着我的雄心壮志，这是我的情结所在。"

我还听说过另一个类似的案例，也是关于认同的。这个案例的当事人是一名年轻的医生。他羞涩而恭敬地向著名的魏尔肖（Virchow）②介绍自己，说："我是魏尔肖博士（Dr. Virchow）。"魏尔肖教授惊讶地转向他，问道："你的名字也

---

① 裴多菲（1823—1849），匈牙利爱国诗人和英雄，是匈牙利民族文学的奠基人。

② 魏尔肖（1821—1902），德国病理学家、政治家和社会改革家。1858年出版了重要著作《细胞病理学》，被誉为"病理学之父"。

是魏尔肖吗？"我不知道这位雄心勃勃的年轻人会怎样为自己的口误进行辩解。他会找借口吗？说他觉得自己完全无法与这个大人物相提并论，只是不经意之间，这个名字就脱口而出了？还是有勇气承认，他希望有朝一日能成为一个像魏尔肖一样的大人物，也希望教授不要看不起他？无论这位年轻人抱有其中的一个想法，还是两种想法都有，都会让他在介绍自己时出现口误，处于尴尬的境地。

下面这个例子与我个人有非常密切的关系，因此，我不能完全确定类似的诠释是否也适用于下面这个案例。

1907年，国际心理学会议在阿姆斯特丹举行，我的歇斯底里理论成了大家热烈讨论的主题。当时，我最强烈的反对者之一不断地抨击我，但他总是说错话，把自己放在我的位置上。比如，他会说"众所周知，布洛伊尔和我已经证明……"，但他实际想说的是"布洛伊尔和弗洛伊德"。而且，他的名字与我的相距甚远。从这个例子中，再加上其他说错名字的案例，我们应当注意到，口误与发音类似并无关联，只要在内容上获得隐蔽关系的支持，其目的就会实现。

在另外一些案例中，这是一种自我批评，是内心矛盾与自己的对话，它会导致口误，甚至会迫使与意图完全相反的替代出现。在这个过程中，我们会惊讶地观察到，措辞如何远离了目的，口误又是如何暴露了内心的不诚实的。在这里，口误是模仿性的表达形式，它往往表达了人们不想说出的话。因此，它是一种自我暴露的手段。

布里尔讲述道："最近，一位女性前来就诊，她表现出偏执倾向。鉴于她没有亲戚可以协助我，我劝她去医院当志愿病人。她表示很愿意这样做，但第二天，她告诉我，与她合租公寓的朋友反对她去医院，因为这会扰乱她们的安排。我听了之后很不耐烦，说'那些朋友对你的精神状况一无所知，你听他们的话根本没用。你根本没有能力处理自己的事！'。其实我本想说的是'你有能力'。在这里，口误表达了我的真实看法。"

在机缘巧合的情况下，说话内容常常会制造一些口误。这些口误会揭露出乎意料的真相，或产生十足的喜剧效果。布里尔就讲述了这样一个例子：

一位富有但有些吝啬的人举办了一场舞会，邀请他的朋友们参加。开始，一切都很顺利，时间来到了晚上十一点半左右，到了中场休息的时间。大家都觉得该上消夜了，但让客人们很失望的是，主人并没有提供丰盛的消夜，只拿了一些薄三明治和柠檬水出来。由于选举日快到了，大家闲谈的话题集中到了不同的候选人身上。大家都热烈地讨论着，其中一位客人是进步党候选人的热心支持者，他对主人说："关于泰迪，你想怎么说就怎么说，但有一件事很肯定，那就是他总会让你饱餐一顿（square meal）。"就这样，他把"得到公正的对待"（square deal）说成了"饱餐一顿"（square meal）。客人们哄堂大笑，说话者和主人都非常尴尬，因为他们完全明白对方的意思。

下面这个例子也来自布里尔。

"我的一位女病人觉得治疗对她造成了很大的经济负担。有一天，我正为她开处方，突然听到她说'请不要给我大账单（big bill），我吞不下'。当然，她想说的是'大药丸'（big pill）。"

下面这个案例可以极好地说明，人们会通过说话过程中的错误来暴露自己的真实想法。布里尔博士完整地讲述了这个例子。①

"一天晚上，我和弗林克博士（Dr. Frink）一起散步。这时，我们遇到了一位以前的同事——P博士。我很多年没见过他了，对于他的私生活，我也一无所知。能够再次和P博士见面，我们自然很高兴，于是，我邀请他同我们一起去咖啡馆坐坐。我们愉快地交谈了近两个小时。我问他有没有结过婚，他说没有，并补充说：'我这样的男人，为什么要结婚呢？'

"离开咖啡馆时，他突然转向我，问道：'请告诉我，如果是你遇到这样的情况，会怎么做呢？我认识一名护士，她是一桩通奸离婚案的被告人之一。妻子起诉丈夫要离婚，也一并告了她。最后，他成功离婚了。'我打断了他，说：'你是想说她成功离婚了吧！'

"他立即纠正了自己，说：'对，她成功离婚了。'然后继

---

① 《精神分析汇编》，同时参见布里尔《精神分析理论及实际应用》，第202页。

续讲述激烈的庭审对这位护士产生了严重的影响，她变得紧张不安，开始喝酒。他想听听我的建议，应该如何医治她。

"在我纠正他的错误时，我就让他解释一下犯这种错的原因，但是，像往常一样，他对我的问题感到很惊讶。他想知道一个人是否无权在说话时犯错。我向他解释说，每个错误都是有原因的，如果他没有告诉我他未婚，我可能会认为他就是这桩离婚案的男主角。这个错误表明，想离婚的不是这个人的妻子，而是这个人自己。

"他断然否定了我的解释，但他的情绪十分激动，并哈哈大笑起来。这加深了我的怀疑。我请他告诉我实情，就算是为了'科学'。

"他说：'你这不是逼我撒谎嘛！你要相信我从没有结过婚，你的精神分析解释都是错的。'

"然而，他又补充道，和在意这些小事的人在一起，真是太危险了。然后，他突然想起自己还有约，就匆匆离开了。

"我和弗林克博士都相信，我对他出现口误的解释是正确的。我决定通过进一步调查来验证这件事。第二天，我找到了P博士的邻居，他也是P博士的老相识。他证实了我的分析毫厘不差。几周前，P博士的妻子获准离婚，一名护士是被告人之一。几周后，我又遇到了P博士，他告诉我说，他彻底地信服了弗洛伊德学说。"

在奥托·兰克（Otto Rank）报告的这个案例中，自我暴露同样很明显。

一位缺乏爱国情感的父亲，希望他的孩子也和他一样，不要被这种多余的情感所累。他的儿子们参加了一场爱国游行，他因此严厉地斥责了他们。当孩子提到他们的叔叔也在游行的行列，这位父亲回答道："你们怎么能学他呢？哼！他就是个白痴（idiot）！"

父亲的语气太不寻常了，孩子们都很惊讶，他这才觉察到自己犯了错，于是抱歉地说："当然，我想说的是，他是一个爱国者（patriot）。"

如果激烈的争吵中出现这样的口误，并颠倒了参与争论的一方的本意，他就会立刻处于不利的位置，而他的对手也会利用这一点。

这清楚地表明，尽管人们不愿意接受我的理论概念，并且为了贪图便利，他们宁愿容忍一些失误行为，然而，他们诠释口误和其他失误行为的方式，却和本书里所展示的类似。在某个特定时刻，这些口误势必会带来欢乐，引发嘲笑，让大家都知道，言语中的错误不只是口误而已，它们具有重要的心理意义。

说到这个，我们不得不提到德国总理大臣——布洛亲王（Prince Bulow）①。虽然他努力地想通过发表严正申明来挽救局势，但他为皇帝辩护的措辞却因为一个口误而适得其反。

---

① 布洛亲王（1849—1929），1900—1909年间任德国总理。

"对于现在这个属于皇帝威廉二世（Emperor Wihelm II）[1]
的新时代，我只想重申我一年前说过的话：说我们皇帝周围有一
群负责任的顾问是不公平，也是不公正的……（人们大喊'不负
责任的！'）是的，有一群不负责任的顾问……请原谅我的口误
（群众哗然）。"

下面这个口误的例子也很好，而且这个错误的目的与其说是
为了暴露说话者的心意，还不如说是为了启发场外的听众。这个
例子出自《华伦斯坦》（《皮科洛米尼》第一幕，第五场），在
这里，我们可以看到，使用这种手法的诗人十分了解这种机制，
故意想要说错。

在前一幕剧中，马克思·皮科洛米尼陪同华伦斯坦的女儿去
营地，他忽然开始热情地支持公爵一方，极力地想要维持和平。
这让他的父亲和国王派来的大使——奎斯特伯格惊慌失措。

于是，接下来的一幕发生了：

奎斯特伯格：我们有祸了！真的是这样吗？朋友，我们怎能
允许他带着这种错误的观点去那里呢？难道我们不应该立即把他
召回来，让他睁开双眼看清楚吗？

奥克塔维奥（从沉思中回过神来）：他已经打开了我的双
眼，我看到了让我难以高兴的事。

---

[1]　威廉二世（1859—1941），在位时间为1888—1918年，德意志帝国末代
皇帝和普鲁士王国末代国王。

奎斯特伯格：那是什么，我的朋友？

奥克塔维奥：那段旅程受到了诅咒！

奎斯特伯格：为什么？什么诅咒？

奥克塔维奥：来吧！我必须马上沿着那条不幸的小路而去，必须亲眼看到……来吧！（想要带他走。）

奎斯特伯格：怎么回事？去哪里？

奥克塔维奥（催促地）：去她那里！

奎斯特伯格：她？她是谁？

奥克塔维奥（纠正了自己的口误）：去公爵那里！我们走吧……

　　把"去他那里"说成"去她那里"是一个小错误，却向我们揭示了一个事实：父亲看穿了儿子支持另一方的动机[①]，而奎斯特伯格却不能明白，只能抱怨"他对自己说的话，完全是在打哑谜"。

　　奥托·兰克发现，莎士比亚也运用过这种口误。下面这个例子，摘录自兰克发表在《精神分析汇编》上的文章中。这个口误出现在莎士比亚的《威尼斯商人》（第三幕，第二场）中，它极富想象力，动机非常微妙，技术也运用得十分巧妙，正如弗洛伊德针对《华伦斯坦》所指出的那样，它不仅显示了诗人了解这种

---

① 父亲看穿儿子支持公爵的动机，是为了追求他的女儿。

错误机制及其意义，而且以观众能理解它为前提。

鲍西娅父亲设置了选亲条件：谁选中了装有鲍西娅画像的匣子，谁就是她的丈夫。她幸运地躲过了所有不中意的追求者，最后终于轮到了她心仪的巴萨尼奥，但她很害怕他也选不中。在这场戏中，鲍西娅告诉巴萨尼奥，即便他选错了匣子，也要相信她是爱他的。但由于发过誓，她什么也不能说。对于这种心理冲突，诗人借她的嘴，对这位心仪的追求者说道：

> 我心里仿佛有一种什么感觉，可是那不是爱情，
> 告诉我我不愿失去你；
> 你一定也知道，嫌憎是不会向人说这种话的。
> 一个女孩家本来不该信口说话，
> 可是唯恐你不能懂得我的意思。
> 我真想留你在这儿住上一两个月，
> 然后再让你为我冒险一试。
> 我可以教你怎样选才不会有错；
> 这样我就要违背誓言，
> 那是万万不可的；
> 然而那样你也许会选错；
> 要是你选错了，
> 你一定会使我产生一个有罪的愿望，
> 懊悔我不该为了不敢背誓而忍心让你失望。

顶可恼的是，

你这一双眼睛，它们已经瞧透了我的心，

把我分成两半：

半个我是你的，还有半个我也是你的，

不，我的意思是说，

那半个我是我的，

可是既然是我的，也是你的，

所以，整个儿的我都是你的。[①]

她想委婉地（因为她本应该瞒着他）向他暗示，她早已芳心暗许，都是他的了，她爱他。莎士比亚是一位伟大的诗人，拥有令人钦佩的心理敏感性，让她的言语出了错。通过这种技巧，他成功减轻了情人之间无法忍受的不确定性，也降低了选择结果会带给观众的紧张情绪。

关于口误的理念值得关注，伟大的诗人们也为我们证明了这一点。因此，我想在这里引入第三个案例，它来自琼斯博士。[②]

伟大的小说家，乔治·梅瑞狄斯[③]在他的杰作《利己主义者》中表现出他对这种机制的了解。

下面，我先简单地介绍一下小说情节。

---

① 此处采用了朱生豪先生的翻译。——译注

② 琼斯，《精神分析论文》，第60页。——原注

③ 乔治·梅瑞狄斯（1828—1909），英国维多利亚时代的小说家、诗人。

威洛比·巴忒恩爵士是一名贵族，在他的圈子里很受敬重，他与康斯坦蒂亚·达勒姆小姐订了婚。不久，达勒姆小姐就发现，他身上带有强烈的利己主义倾向，但他巧妙地把它隐藏了起来，不为世人所知。为了逃避这桩婚姻，达勒姆小姐与奥克斯福德上校私奔了。几年后，巴忒恩又与米德尔顿小姐订婚了。接着，本书花大篇幅详细地描述了当米德尔顿小姐发现韦德德是一个利己主义者时出现在她内心的冲突。外部环境和她的名誉观迫使她遵守婚约，但是，她感到越来越厌恶他。她向自己的表兄兼秘书——弗农·惠特福德吐露了心事，并最终嫁给了这个男人，但那时，他因为各种原因表现得无动于衷。

克拉拉（Clara）[①]独白道："如果有高贵的绅士能够看到我现在的惨样，不吝拯救我，该多好啊！哦，我被困在这荆棘丛生的牢笼中，无法自拔。我多么懦弱！我想，哪怕有人肯招招手，我就会改变。我可以奋不顾身地奔向他……康斯坦蒂亚遇到了一名士兵。也许，她也祈祷过，她的祈祷得到了回应。她做了坏事，哦，但我因此而爱她！那个士兵名叫哈利·奥克斯福德……她态度坚决，切断了联系，取消了婚约。啊，多么勇敢的女孩！你觉得我怎么样？我没有哈利·惠特福德；我只是一个人……"

这时，她意识到自己张冠李戴，把"奥克斯福德"说成"惠特福德"，顿时面红耳赤。

---

① 米德尔顿小姐的名字叫克拉拉。

这两个人的名字都以"福德"（ford）结尾，显然更容易被混淆，许多人也会认为，这个理由很充分。但是，作者显然已清楚地指明了真正的潜在动机。

下面这段话中也出现了同样的口误，紧接着就是犹豫和变换话题。这在精神分析中很常见，因为此时涉及的仅仅是意识还比较模糊的情结。

威洛比爵士自以为是地谈到惠特福德，说："他就是个花架子！弗农这个可怜的老家伙，只会墨守成规，哪里能做什么大事！"克拉拉回答道："但如果奥克斯福德先生——我是说，惠特福德先生……你看那些天鹅，游在湖面上，它们那么高贵，那么漂亮！我想问你，男人看到有人爱慕其他人时，一定会感到沮丧吗？"威洛比爵士恍然大悟，一下子愣住了。

在另一段话中，克拉拉又出现了口误，暴露了她希望与弗农·惠特福德更加亲密的秘密。在和一名男性朋友交谈时，她说："请告诉弗农，我是说，请告诉惠特福德先生……"

我在这里所说的口误概念，很容易就能用小细节来验证。我可以一再证明，哪怕是最微不足道的、最自然的口误都有其意义。与那些明显的案例一样，它们也可以用相同的方式来诠释。

我的一个病人很坚决地表示，她决定去布达佩斯①一趟。我劝她不要去，她就辩解说，自己只去待三天。但是，她脱口而

①　匈牙利首都，也是该国主要的政治、商业、运输、经济中心和最大的城市。

出的却是"三周"。这暴露了她心中的感受。为了和我作对，她想要待上三周而不是三天，就因为我认为那里的社交圈并不适合她。

一天晚上，我没去剧院接我的妻子。我替自己辩解说："十点十分的时候，我去了剧院。"妻子纠正我说："你是想说十点吧！"当然，我想说的是十点前。

十点以后才去，肯定不能称其为借口。有人告诉我，剧院节目单上写着"十点前结束"。等我到达剧院时，我发现门厅的灯已经关了，剧院也空了。显然，演出提前结束了，我妻子也没有等我。我看了看表，还差五分钟才到十点。我决定到家时把话说得好听一点儿，就说自己是九点五十去的。不幸的是，口误破坏了我的意图，暴露了我的谎言。口误表达的内容要比我更坦白。

接下来，我们再来看看那些不再能被描述为口误的言语干扰。这些言语干扰不会破坏个体的措辞，却会影响整个说话的节奏和完成，例如，口吃的情况，或是因为尴尬而结结巴巴。在这里，就像在前面的案例中一样，它也是一种内部冲突的呈现，会通过言语干扰让我们看到。难道在与国王陛下交谈时，在认真地发表爱情宣言时，或在陪审团面前为自己的名誉而战时，还会有人说错话吗？简言之，如果一门心思放在要说的话上，没有人会犯错。即使在抨击一位作者的文风时，我们也会习惯于遵循解释原则。面对单一的口误来源，我们也不能忘记这一点。如果作者的写作方式清楚明确，我们就知道，他处在一个和谐的状态。如果表达不自然，想要表达的目标也很多，不能恰如其分地表达，我们也可以知道，他心里有未经处理的杂念。有时候，我们也可以透过它听到被作者压抑的自我批评的声音①。

---

① 缜密的构思会得到清晰的叙述，遣词达意轻而易举，随心所欲。——尼古拉·布瓦洛（Nicolas Boileau），《诗艺》

第六章

误读和误写

我们从口误中得到的那些观点和观察到的现象，在误读和误写时也是成立的。我们并不该对此感到吃惊，因为我们知道，这些功能之间存在着内在联系。在本章中，我只会讲到一些经过仔细分析的案例，并不会涵盖所有的现象。

一、误读

　　（1）我正翻看《莱比锡画报》。我斜拿着这些杂志，忽然，我看到头版图片的标题是"奥德赛①的婚礼庆典"（A Wedding Celebration in the Odyssey）。我很惊讶，兴趣也被激发了起来。我忙把画报摆正，于是，标题变成了"波罗的海②的婚礼庆典"（A Wedding Celebration in the Ostsee）。如此愚蠢的误读为什么会出现呢？

　　我立刻想到了鲁斯（Ruth）的一本书——《音乐幽灵的实验

---

　　① 希腊诗人荷马所作的叙事诗，"奥德赛"一词用来形容"艰苦跋涉，漫长而充满危险的历程"。
　　② 世界上盐度最低的海，位于北欧。

调查》（*Experimental Investigations of Music Phantoms*）。我最近一直在读这本书，因为它和我很感兴趣的心理问题密切相关。这本书的作者承诺，他很快会出版一本名为《梦现象的分析和原理》（*Analysis and Principles of Dream Phenomena*）的书。那时候，我的《梦的解析》（*Interpretation of Dreams*）也刚出版，无怪乎我怀着浓厚的兴趣等待着那本书的出版了。在关于音乐幽灵的那本书中，目录的开头提到，作者详细归纳了古老的希腊神话和传说，证明它们主要起源于沉睡状态和音乐幽灵，来自梦现象和发狂。于是，我一头扎进这本书中，想要找出这位作者是否也意识到，奥德修斯[①]出现在瑙西卡（Nausicaa）[②]面前的场景，是基于常见的裸露梦。我的一个朋友提醒我注意高特弗利特·凯勒（G. Keller）[③]的《绿衣亨利》中的巧妙段落，它将《奥德赛》中的这一情节解释为客观地表现了这位远航者的梦。我认为，它应该也表现了裸露梦。[④]

（2）一个非常渴望有很多孩子的女人总是把"货"（stock）读成"鹳"（stork）。[⑤]

---

① 古希腊神话中的英雄，伊塔卡岛国王，史诗《奥德赛》的主角。
② 希腊神话中法埃亚科安岛（Phaeaceans）国王的女儿，代表理想中的少女形象。
③ 高特弗里德·凯勒（1819—1890），瑞士杰出的作家，现实主义诗人，民主主义者。后面提到的《绿衣亨利》是其带有自传性的长篇小说，描写了一个艺术家的遭遇。
④ 《梦的解析》，第208页。——原注
⑤ 白鹳在欧洲是好运的象征，被认为是送子鸟，也是德国的国鸟。

（3）有一天，我收到了一封信，信中的消息令人非常不安。我立即打电话给我妻子，告诉她可怜的Wm. H夫人病得很重，医生也无能为力。我表达同情的用词可能听起来并不真实，于是，我的妻子产生了质疑，说要亲自看看这封信。读过信之后，她说，这封信读起来不像我说的那样，因为没有人会用丈夫的名字称呼妻子。此外，写信人也很熟悉当事人的教名。我极力地为自己辩护，提到了印名片时的惯例：女性的名片上，就常常印有丈夫的教名。但最后，我还是迫于无奈，又看了看信。事实上，信上真的写着"可怜的W. M"。更不可思议的是，我居然漏看了W. M后面的"博士"二字。严重患病的人，真的是这位丈夫！

我的误读代表着一种间歇性尝试，也就是说，把这个噩耗从男人转移到了女人身上。名字后面的"博士"二字与我心里的想法不同，我心里一直默认信上说的是那个女人。我之所以篡改这封信的内容，并非因为我同情男人而不同情女人，而是因为这个可怜的男人的命运引发了我的恐惧——一个和我很亲近的人也罹患同一种疾病。

（4）误读是一件让人恼，也让人笑的事，两种情况我都常常遇到。

在假期里，我去到一座陌生的城市，走在它的街道上，只要商店招牌上的词和"古董"（antiquitie）有一点点相似，我都会把它们认成这个词。这可真是体现了收藏家的探索精神啊！

（5）布洛伊勒（Bleuler）①在他的重要作品②中写道：

"一次阅读时，我瞥见下面第三行句子里有我的名字。令我惊诧的是，我只找到了'血细胞'（blood corpuscles）③这个词。我分析过许多误读的情况，有些发生在视觉中心，有些发生在视觉边缘，但这一次的情况无疑是最奇特的。一般来说，让我产生错觉，把它错看成自己名字的词，通常都比'血细胞'更近似于我的名字。

"在大多数情况下，只有这个单词包含我名字里的多个字母，而且排列方式也接近时，我才容易把它错认成我的名字。但是，这一次的错觉和误读并不难解释。我刚刚读到的是一段话的结尾部分，它涉及科学作品中的不良风格。我自己也会出现这种问题，还无法完全克服它。"

二、误写

（1）我把每天的利润情况记录在一张纸上，但我惊奇地发现，上面有一个日期居然不正确。我写成"10月20日，星期四"

---

① 布洛伊勒（1857—1939），瑞士精神病学家。
② 布洛伊勒，《偏执妄想狂：情感暗示的易感性》，1906年，第121页。——原注
③ 在德语中，"血细胞"一词为"Blutkorperchen"。

那一天，其实应该是"9月20日"。

把这种情况解释为表达了一种愿望并不是难事。几天前，我刚度假回来，准备好投身于工作之中。但是，迄今为止，病人都很少。在回来那天，我收到一个病人的来信，说她10月20日来就诊。于是，9月20日那天，我把日期错写成了10月20日。那时，我一定在想："××现在就来该有多好呀！可惜还要等上整整一个月的时间！"带着这种想法，我把当前的日期往后推了一个月。但是，在这种情况下，我们很难说，这种干扰想法是令人不快的。注意到这个误写后，我也立即知道了原因。

第二年秋天，我又遇到了类似的事，并再次出现了这种误写。琼斯博士研究了这类案例，发现大多数写错日期的情况都有动机可言。

（2）我收到了《神经病学和精神病学年度报告》的校样。自然，我有义务仔细校对作者们的姓名。这些作者来自不同的国家，给排字工人带来了很大的麻烦。事实上，一些拼写比较奇怪的名字确实有待校正。然而，说来也奇怪，排字工人自觉地更正了我手稿上的一个名字，而且，他居然改对了！我把"巴克哈德"（Burckhard）错写成了"巴克尔哈德"（Buckrhard），排字工人居然猜到了这个名字的正确写法，把它改了过来。当然，我对这位产科医生没有丝毫敌意，也很欣赏他写的《出生对小儿麻痹起源的影响》（*The Influence of Birth on the Origin of Infantile Paralysis*）。但是，维也纳有一个作家，他抨击了我写的《梦的解析》，令我感到很生气，而他的名字也叫巴克哈德。在写这位产科医生的名字时，我不知不觉地想到了另一个巴克哈德，那些令人不快的想法也冒了出来。写错这个名字，正如我在口误中阐述过的那样，通常意味着贬低。①

（3）以下这个笔误（lapsus calami）很严重，将其描述为"错误行为"也不为过。

我要从邮政储蓄银行取300克朗②，寄给一个子女不在身边的亲戚，让他能够支付去温泉疗养地接受治疗的费用。我注意到，我的账户里有4380克朗，于是，我决定留下整数4000克朗，而且打算最近都不动用这笔钱。在开出支票后，我忽然注意到，支票上写下的，不是自己认为的380克朗，而是438克朗。我忽然一阵后怕，原来自己的行为竟然如此靠不住！但我很快意识到，自己的恐惧毫无根据，因为我并没有因此而变穷。但是，我必须好好思考一下，才能知道是什么在我完全没有意识到的情况下，影响和改变了我本来的意图。

首先，我的思路就错了：我写下的不是百位数380，而是直接从千位上的数字开始，写了438。然后呢？我就不知道应该如

---

① 《朱里乌斯·凯撒大帝传》（*Julius Casar*）中也有类似的情况：

"秦纳！你叫错了，我的名字叫秦纳。"

"伯格！把他撕成碎片！他是个阴谋家。"

"秦纳！这才是我的名字，我是诗人，不是阴谋家！"

"伯格！啊，无所谓，他的名字叫秦纳；撕下心头的名字，然后让他走！"

② 旧货币名，奥地利在1892—1918年使用的货币。

何看待这种差异了。最后，我灵光一现，想到了真正的联系。438正好是全部金额4380克朗的10%。我的书商给我的折扣，正好也是10%！于是，我想起几天前，我选了几本不再感兴趣的书，想以300克朗的价格给书商。他认为我的要价太高了，但承诺几天内给出最后的答复。如果他接受我的要价，那我给亲戚的那300克朗就正好出在他身上。毫无疑问，这笔开销让我觉得不舒服。我意识到了自己的错误，有了情绪，这种情绪可以理解为一种恐惧，我害怕自己因为这种支出而变穷。但是，对于这种支出的遗憾，以及对贫穷的恐惧，并没有进入我的意识之中。在我承诺给他这笔钱时，我不仅不会因此而痛惜，而且会嘲笑这样的想法。也许，我不应该把这种感觉强加给自己。精神分析不是让我通晓精神生活中被压抑的因素吗？要不是我通过对几天前做的那个梦进行精神分析也得到了同样的答案，我可能不会相信自己有这样的动机。

（4）虽然我们通常很难找出为印刷错误负责的人，但这些错误背后的心理机制与其他错误的是相同的。排版上的差错也很好地证明了人们对"错误"这样的芝麻小事并非漠不关心，并且从相关各方的愤怒反应上判断，我们应当知道，人们不会把错误视为纯粹的意外。下面的这篇社论（《纽约时报》，1913年4月14日）很好地总结了这种情况。编辑很机敏，他的评论也很有趣，其观点似乎与我们的相同：

一个真正不幸的错误

即便再规范的报社也会经常出现排版错误。这种情况很丢脸，也会引起愤怒，偶尔还很危险。然而，它们有时也很有趣。如果错误发生在一个记者的邻居的办公室里，最后提到的这种特点就更明显了。如此一来，我们就可以解释，为什么我们能够微笑着冷静地阅读发表在《哈特福德新闻报》（*Hartford Courant*）①上那封精心编辑的致歉信了。

"此报能干的政治评论员前几天曾说，J. H. 不再担任国会议员，是康涅狄格州（Connecticut）②的大不幸（unfortunately）。在印刷工人和校对人员的共同努力下，这个副词的否定前缀不见了。如果这位能干的政治评论员这样宣称，我们不会质疑他对这个世界的诚实态度。但是，悲痛的经历教会了我们，在把这种社论付梓之前，要先查查原稿，这样会更安全一些。也许，只是也许，这个世界的启蒙者，知道自己写下了不幸，因为他就想这样写。这位启蒙者没有冒自己被发现有罪的风险，而把这一罪行先推给了排版室。

"尽管如此，这个句子的含义被无情地改变了。这位国会议员朋友悲痛不已，觉得自己受到了冒犯。不久前，一个比这个更令人惊讶的错误，悄悄地登上了我们的书评。在这本相关的书

---

① 创刊于1764年，是美国历史最悠久，并仍在持续发行的报纸。
② 位于美国东北部的一个州。

里，'碳'（carbon）被写成了'驯鹿'（caribou）。前后内容讲的是恒星的化学成分。在这种情况下，作者努力地为自己开脱是有道理的，因为他似乎不太可能把'碳'写成'驯鹿'。但是他很谨慎，没有深入地彻查这件事。"

（5）下面这个案例引自斯特克尔博士，我可以保证其真实性。

一份发行很广的周报，在编辑时出现了令人难以置信的误写和误读。这是一篇关于辩方和无罪辩护的文章，写得激情洋溢、悲怆十足。报社主编读了这篇文章，作者自己自然也读了，而且无论是自己的初稿，还是校对稿，他都不止读过一次。每个人都很满意，突然，印刷工人发现了一个小错误。这个错误居然逃过了所有人的眼睛，明明白白地摆在那里：

"我们的读者将见证这样一个事实：我们一直自私（selfish）地为社区办事。"

很明显，这里写错了，应该是无私（unselfish）才对。然而，真实想法破壳而出，强有力地击碎了无用的说辞。

（6）以下这个印刷错误摘自《西方公报》（*Western Gazette*）：

"一名老师正在写一篇关于数学方法的指导论文，并谈到了一个计划。这个计划旨在指导青年人，是可以随意（adlibidinem）实施的。"

（7）即便是《圣经》，也无法逃脱出现印刷错误的命运。

因此，我们才有了《邪恶圣经》（*Wicked Bible*）①。这样称呼它，是因为在这本圣经中，十诫当中的第七诫少了一个否定词②。此授权版本于1631在伦敦发行。据说，为了这个遗漏，印刷者不得不支付高达2000英镑的罚款。

　　另一次印错《圣经》里的内容，可以追溯到1580年，我们可以在黑森州（Hesse）③著名的沃尔芬布特（Wolfenbuttel）图书馆里找到这本《圣经》。在《创世纪》一章中，上帝告诉夏娃，亚当将成为她的主人并统治她。德语翻译为"Und er soll dein Herr sein"（他将是你的主人）。但是，"Herr"（主人）这个词被错印成了"Narr"，意思是傻瓜。新发现的证据表明，这个错误为印刷者的妻子有意而为，她是一名女权主义者，不想被丈夫统治。

　　（8）欧内斯特·琼斯博士讲述了下面这个案例，当事人是布里尔博士。

　　布里尔几乎滴酒不沾，但一天晚上，一个朋友硬逼他喝酒。为了不冒犯这位朋友，他就喝了一点儿。第二天早上，他感到眼疲神乏，头痛也发作了。他很后悔前一天晚上放纵自己喝了酒，这种想法也通过他的笔误表现了出来。

　　一个病人提到一位叫作艾瑟儿（Ethel）的女孩，布里尔就把

---

① 指那些因为印刷错误而歪曲《圣经》原意的版本。

② "不可奸淫"（Thou shalt not commit adultery）变成了"应当奸淫"（Thou shalt commit adultery）。

③ 位于德国中部，是德国第五大邦州。此处可能有误，后面提到的沃尔芬布特图书馆应该是在萨克森州。

这个名字写了下来。但是，他写的并不是艾瑟儿（Ethel），而是乙醇（Ethyl）①。巧合的是，他们谈论的那个女孩也很喜欢喝酒，在布里尔博士当时的心境下，她的这个特点具有显著的意义。②

（9）一位女士写信给她的妹妹，祝贺她搬进了宽敞的新居。一位在场的朋友注意到她写错了地址。更值得注意的是，这个地址也不是她妹妹在此之前的住址，而是很早以前的住址，她妹妹最初结婚时才住在那里。当朋友提醒她地址写错时，她回答道："你说得对。但这到底是为什么呢？"

她的朋友回答说："也许你嫉妒她搬进了漂亮的大公寓，而你自己却住在狭窄的小房子里。因此，你把她放回到了最初的住所，她在那里生活得并不比你好。"

"是的，我嫉妒她有了新公寓。"她诚实地承认道。

她想了想，又补充说："人在这种事情上居然如此刻薄，真是太可悲了！"

（10）欧内斯特·琼斯讲述了布里尔博士告诉他的这个案例。

一位病人寄了一封信给布里尔博士。在信中，这个病人认为，他如此紧张不安，全是因为自己在棉花危机期间受到了刺激，他为自己的生意而担忧。他接着又写道："我的麻烦全都是因为那股风（wave）。就连种新棉花的种子都没有了。"他所指的是摧毁棉花作物的寒潮，但是，他却把"那股风"（wave）

---

① 乙醇是普通酒精的化学名。——原注
② 琼斯，《精神分析》，第66页。——原注

写成了"妻子"（wife）两个字。在内心深处，他对妻子十分不满，因为她对性生活很冷淡，他们也没有孩子。他心里认为，他之所以会生病，和不得已的禁欲脱不了干系。

（11）解释漏写的方式与错写相同。伯纳德·达特纳（B. Dattner）[1]博士讲述了一个关于漏写的例子，它具有重要的历史价值。[2]

1867年，奥地利和匈牙利两国进行了重新调整，制定了两国财政义务的法律条款。在起草其中一份条款中，匈牙利语中的"有效"一词不慎被遗漏了。

达特纳认为，这很可能是源于匈牙利一方的法规制定者的无意识想法，他们想尽可能压缩奥地利一方获得的利益，这才出现了这种纰漏。

（12）下面这个漏写的案例来自布里尔。

"一个想来就诊的人给我写信，他谈到了关于治疗的问题，信的最后写着预约的具体日期。到了预约的时间，他并没有来。后来，他又写信给我，表示非常遗憾。他写道：'由于预料中（foreseen）的原因，我不能赴约。'当然，他本来想写的是'预料外'（unforeseen）。几个月后，他终于来了。在治疗过程中，我发现自己当时的怀疑是对的。当时并没有发生什么预料外的事情拖了他的后腿，仅仅是有人建议他不要来找我。无意识

---

① 达特纳（1887—1953），美国精神病学家。

② 《精神分析汇编》。——原注

不会撒谎！"

　　冯特认为，相对于在说话时犯错，我们其实更容易在书写时出现错误。这个事实很容易确认，就此，他也给出了值得注意的证据。他说："在正常的对话过程中，意志的抑制机能不断协调观点形成过程和发音运动之间的平衡。如果由于机械原因，尾随想法而来的语言表达活动变得迟钝，正如在书写时一样，那么前移的情况就很容易出现。"

　　在观察了容易造成误读的决定因素后，我们会产生怀疑。我不愿对此置之不理，因为我认为它可能会是我们富有成效的研究的起点。我们都知道，在大声朗读时，朗读者的注意力常常在文章之外，指向他自己的想法。这时，注意力发生了偏离，当被打断和受到询问时，他甚至无法陈述自己读过的内容。换句话说，他只是在无意识地大声朗读，也几乎不会读错。我并不认为这种情况会使得错误激增。我们认为，整个一系列的机能都在自动地、精准地运作，根本不需要有意识地去注意。由此可见，支配口误、误写和误读的注意力条件必然与冯特的假设（注意力的中断和减弱）不同。我们分析的例子并没能够让我们看到注意力在量上的减少，我们发现的可能是一种不完全一样的东西：注意力受到了奇怪的强迫想法的干扰。

第七章

印象和意向的遗忘

如果有人倾向于高估我们现在所掌握的大脑知识，那么我们应该劝他谦虚一点儿，想想我们对记忆功能的了解有多少。迄今为止，心理学理论还不能解释记忆和遗忘这两种基本现象之间的联系。事实上，即使完整分析了实际观察到的这些现象，我们也还是理解不了。现如今，遗忘似乎变得比记忆更令人费解，特别是自从我们开始研究梦和病理状态，并从中有所得之后。很长一段时间以来，我们都相信，被遗忘的内容会忽然回到意识中来。

　　诚然，我们掌握了一些观点，也希望这些观点为大众所接受。因此，我们假设，遗忘是一个自发的过程，我们可以把它归因为某种暂时性的撤销。和每种印象材料或经历一样，遗忘也是一种选择，对现存的印象材料起作用。我们知道，一些潜藏在记忆深处中的情景，如果不被唤醒，我们就会一直记不起它们。然而，通过在日常生活中无数次的观察，我们知道，我们对这种机制的了解并不可靠，也难以让人满意。因此，我们会遇到这样的情况：两个人谈论起同一段回忆，比如不久前他们俩结伴旅行的事，对此一个人印象很深，另一个人却忘得一干二净，好像这些事从来没有发生过。然而，我们找不到任何理由可以假设从心理上说，这件事对其中一人要比对另一人更重要。这些决定了记忆选择的因素，显然已经超出了我们的知识范围。

为了找出遗忘发生的条件，我用到了精神分析的方法，被分析的遗忘案例都涉及我本人。一般说来，我只会选取某一类案例，也就是说，遗忘会令我感到吃惊的情况。在我看来，我理应记住这些经历的。我想进一步指出，我通常不太健忘（对于经历过的事情，而不是学习过的内容），在我还年轻的时候，我甚至表现出了非凡的记忆力。在读书时，我能轻而易举地记起自己读过的内容在书的哪一页。进入大学前不久，我几乎可以一字不差地记下那些听过的科学讲座。医科大学毕业前的测试很紧张，但我一定是利用了自己非凡的记忆力，因为考某些科目时，我显然是在无意识地回答考官的问题。事实证明，它们都是课本上的内容，我能精确地记起来，但这些内容，我只匆匆忙忙地看过一次。

之后，我的记性不再那么好了。然而最近，我确信，在某种技巧的帮助下，我能回忆起的东西远比我以为自己能记住的要多。例如，在工作期间，一位病人对我说，我们以前见过，但我既不记得这件事，也不记得时间了。为了帮助我记起来，我开始猜测。具体的方法是，我把一些年份——从当前年份开始——迅速地在我脑袋里过一遍。运用这种方法，再加上患者提供的一些明确信息，我对这十几年①来的记忆，误差不会错过六个月。

还有一次，我遇见了一位点头之交，也出现了这样的情况。出于礼貌，我问起他的小儿子。在他开始讲述时，我试着想象这个孩子现在多大了。我根据这位父亲提供的信息来控制我的估算，结果误差只有一个月。关于大一点儿的那个孩子，误差有三个月。然而，我无法说出这种判断的基础是什么。近来，我变得很大胆，还不等别人问，就不自觉地说出了心里的猜测。就这样，因为无意识记忆的加入，我的意识记忆得到了扩充。

接下来，我要讲述一些不寻常的遗忘案例，这些案例大部分都发生在我自己身上。在这里，我把遗忘分为两种：遗忘印象（forgetting of impressions），或称遗忘知识（forgetting of knowledge）以及遗忘意图（forgetting of intention），或称遗忘解决办法（forgetting of resolutions）。通过观察研究，我得出了一个统一的结论：不愉快是所有遗忘产生的动机。

一、印象和知识的遗忘

（1）夏天里的某一天，我很生妻子的气，但说起原因，其实是微不足道的小事情。那天，我和妻子在一家餐厅吃饭，对

---

① 在讨论期间，第一次拜访时的细节回到了意识之中。——原注

面桌坐着我认识的一位绅士。他来自维也纳，是认识我的，但我不愿意和他打招呼。但我妻子不知道他是一个声名狼藉的人，可以看得出来，她正在偷听他与别人的谈话，还时不时地问我一些问题，都和他们谈论的话题有关。我越来越不耐烦，最后终于发火了。

几周后，我向一位亲戚抱怨起妻子的这种行为，却完全不记得这位绅士的谈话内容，连一个字也想不起来。如果一件事让我生气，在通常情况下，我是不会忘掉每个细节的。在这件事上，我的健忘无疑源于对妻子的尊重。

不久前，我又遇到了类似的事情。

一天，我想要向一位密友提起妻子几小时前说过的话，取笑她一番，但我发现，我完全记不起妻子说过什么了。我不得不恳请她回忆给我听。不难理解，这种遗忘类似于典型的判断错乱（disturbance of judgment），在涉及我们最亲密的人时，就会影响我们。

（2）一位女士初到维也纳，我答应帮她买一个保存文件和钱的小型的铁质保险箱。在着手操办这件事时，我想到了位于市中心的一家店铺，我确信自己曾在那里看到过这样的保险箱，它栩栩如生地浮现在我的眼前。虽然我不记得这家店在哪条街上，但我确信，只要去城里转一圈，我就能找到它。记忆中，我曾无数次地路过这家店铺。让我懊恼的是，我在城里走街串巷，也没能找到这家卖保险箱的店。现在，我唯一能做的，就是在企业目录中查找。如果这样也失败了，那我就去市郊再找找。庆幸的是，我不必再多费神。我在目录里找到了这家店。我一眼就认出它来，知道这就是我遗忘的那家店铺。没错，我曾无数次地从这家店的橱窗前走过，每一次都是去拜访M先生。他家就住在那幢楼里，已经好多年了。我们曾是很亲密的朋友，但之后，我们渐渐疏远，最后完全没了来往。

我小心翼翼地避免去那附近，也尽量避开那幢楼，但我从来没有想过自己为什么要这样做。在我走街串巷找那家卖保险箱的店铺时，我去了附近的每条街道，唯独没有去那条街。我把它当作了禁地，避之唯恐不及。

我找不到那家店的深层次动机是因为不愉快，这一点是可以理解的。但是，在这个案例中，遗忘的机制并不像以前那么简单。在这里，我的厌恶没有延伸到保险箱供应商，而是延伸到了另一个人那里，关于他的事我一点儿也不想知道。后来，它又从后者转移到这件事上，并最终导致了遗忘。

上面提到过一个案例，我把"巴克哈德"（Burckhard）错写成了"巴克尔哈德"（Buckrhard）。这个案例中的情况与此相同：我怨恨一个人，从而写错了另一个人的名字。这两个名字相似，在两种本质不同的思想流之间建立了联系。在找保险柜这个例子中将两者联系在一起的，是空间上的连续性和环境上的密不可分。此外，后一个案例更加复杂，因为我与住在那里的那家人疏远，这与金钱有很大的关系。

（3）我应**B&R**公司的邀请，去为一位高级职员治疗。一路上，我都觉得自己肯定去过这家公司所在的大楼。虽然我要去的地方是这座大楼的高层，但我好像曾经见过低层的标志牌。我不记得究竟是哪栋房子，也不记得自己什么时候来过了。当然，这件事无关紧要，但我就是一直想着它。最后，我只有运用精神分析，对此想法展开联想，收集信息：**B&R**公司楼上是费舍尔养老院（Pension Fischer），我过去常常来这里为养老院的人看病。于是，我终于想起来，**B&R**公司和费舍尔养老院都在这幢楼里。

然而，这次遗忘的动机到底是什么，仍让我感到困惑。对于**B&R**公司和费舍尔养老院，以及住在这里的病人，我都没有在记忆中找到任何令我不快的事。我也意识到，它不可能涉及任何非常令人痛苦的事情，否则，我也不可能在没有外部援助的情况下，成功地通过联想的方式追踪到被遗忘的内容。这和前一个例子不太一样。最后，我突然想到，不久之前，我去拜访一位新病人，路上遇到一位绅士向我问好。当时，我已经不记得他了，但是几个月前，我见过这个人，他病得很严重，我诊断他患上了麻痹性痴呆。但是后来，我得知他竟然康复了，这就说明，我当时的诊断并不正确。

在通常情况下，麻痹性痴呆是不会好的，但这个病人的病情竟然缓解了，这不能不说是一个例外，因为我对其他麻痹性痴呆的诊断都是合理的。遇见这位绅士，对我产生了影响，让我忘记与**B&R**公司相邻的费舍尔养老院。于是，我的兴趣，也由找出被遗忘的事，转移到了这个有争议的诊断上。在这种松散的内在关系中，联想是通过名字的相似性来实现的：我以为不会康复的那个人，也是一家大公司的高级职员，他是这家公司推荐来的病人。我给这位病人看病时，有一名医生和我一起，他的名字也叫费舍尔，和我忘记的养老院的名字一样。

（4）错放一件东西，事实上，与忘记把它放在哪里具有相同的意义。像大多数翻找书本的人一样，我对自己的办公桌了如指掌，可以一下子就找到想要的东西。在别人眼里，我的办公桌可能乱七八糟，但在我看来，它秩序井然。然而，有一次，我还是找不到此前不久送来的一份图书征订目录了。我把它错放到哪里了呢？我在上面看到一本名为《关于语言》（*Ueber die Sprache*）的书，我本来打算要订购它的。我很喜欢这本书的作者，他的作品总是精神饱满，生气勃勃。而且，我也很欣赏他在心理学方面的洞察力，以及对文化的了解。然而，我相信，这正是我错放目录的原因。我很乐意把这位作者的书借给我的朋友们，让他们也读读，从中受益。但就在几天前，一位朋友过来还书，对我说："他的文风让我想起了你，他的思维方式也和你一样。"说这话的人并不知道他的这番话在我心中引起了多大的波澜。几年前，那时我还年轻，很需要有人支持。我向一位年长的同事推荐了一个熟悉的医学作家的作品。在看过那本书后，他对我说了几乎一模一样的话。他的话是这样说的："这绝对是你的风格！"我深受这番话的影响，就给那位作者写了一封信，想要拉近关系。但是，他的回应很冷淡，把我"打回了原形"。也许，这件事背后所隐藏的，是早先这种令人沮丧的经历，也让我不知道把目录放到哪里去了。鉴于这种不好的预感，我并没有订购广告上宣传的那本书。其实，目录不见了并不会成为阻碍，因为我清楚地记得书名和作者。

（5）下面讲到的，也是一个误放的例子。这个案例很值得关注，因为这里出现了某些条件，在这些条件下，被误放的物品又被找了回来。

以下是一位年轻人的叙述：

"几年前，我和妻子之间有一些误会，我觉得她太冷漠了。虽然我十分欣赏她身上的好些优秀品质，但我们生活在一起，没有任何柔情蜜意可言。一天，她散步回来，给我买了一本书，因为她认为我会对此感兴趣。我感谢了她对我的'关注'，保证一定会读这本书。然后，就把它放到了一旁，但再也找不到了。几个月就这样过去了，我也时不时想起这本不见的书，也试着找到它，但一切都是徒劳。

"大约六个月后，我的妈妈生病了。她没有和我们住在一起，我妻子就离家去照顾她。妈妈病得很重，在照顾她的过程中，妻子可谓尽心尽力。

"一天晚上，我回到家，对妻子所做的一切感到满心欢喜，对她充满了感激。这时，我走到书桌前，没有任何意图，像一名梦游者一般，打开了某个抽屉。抽屉最上面，放着那本被错放、不见了许久的书。"

下面这个"错放"案例，属于每个精神分析学家都很熟悉的类型。我还要补充一句，这位病人，在经历过这次错放之后，已自己找到了解决方法。

当时，这位病人对治疗充满阻抗，健康状况也很糟糕，但是，暑假到了，他要外出旅行，他的精神分析治疗不得不中断一阵子。一天晚上，他把钥匙放在固定的地方，至少他自己是这样认为的。然后，他想起他要在书桌上拿一些东西，书桌里还放着他旅行时要用的钱。第二天他就要离开了，那天是治疗的最后一天，也是需要向医生结清治疗费的日子。然后，他发现钥匙不见了。

他开始在公寓里翻箱倒柜地寻找，不放过任何一个地方。他越找越兴奋，却没有找到钥匙。突然，他意识到这种"错放"是一种症状性行为，也就是说，是有意为之。于是，他叫来用人，希望可以在一个"无偏见"的人的帮助下来寻找。又一个小时过去了，他放弃了寻找，想自己恐怕是把钥匙给丢了。

第二天早上，他去买桌子的家具厂订了一把新钥匙，工厂为他赶制了出来。头一天，他和两个熟人一起坐出租车。那两个人回忆说，在他下车时，他们听到有东西掉到地上的声音，因此，他确信钥匙从他的口袋里掉了出来。但最后，他在一本厚书和一本薄薄的小册子之间发现了它们。那本小册子是我一个学生的作品，他想把它带在身上，在旅途中顺便读一读。钥匙被巧妙地放置在了大家都意想不到的地方，他自己也不会把钥匙放在这样让人看不见的位置。这个误放完全就是无意识的伎俩，源于隐秘而强烈的动机，让人觉得就像梦游一般。物体被错误放置的无意识技能带有隐秘但强烈的动机，让我们想起了"梦游般的确定性"。他误放的动机自然是对中断治疗的不满，而且明明感觉很不舒服，还要支付高额的治疗费，他心里感到很愤怒。

（6）下面这个案例来自布里尔。

妻子敦促丈夫参加一次社会活动，但丈夫一点儿也不感兴趣。鉴于妻子的恳求，他只得去箱子里取礼服。突然，他又想到要刮胡子。刮完胡子后，他回到箱子边，发现它被锁住了。他们仔细地找了很长时间，也没有找到钥匙。那天是周日晚上，不可能找得到锁匠，因此，这对夫妇不得不遗憾地缺席了这次活动。

第二天早上，箱子打开了，钥匙居然在箱子里面。原来，丈夫心不在焉地把钥匙扔进了箱子，按下了锁。他向我保证，他完全不是故意的，根本没有意识到这一点，但我们知道，他不想去参加这次活动。因此，错放钥匙不能说没有动机。

欧内斯特·琼斯注意到，每当吸太多烟让他感到不舒服之后，他都会找不着烟斗放到哪里去了。随后，他会在某些意想不到的地方找到它。它不该在那个地方，平时也没人会把它放在那里。

仔细地看一看这些误放案例，我们不难知道，误放是无意识意图的结果。

（7）1901年夏天，我常常同一位朋友交流科学问题。有一次，我对他说："要解决这些神经症问题，除非我们完全接受每个人天生就是双性体。"他回答说："两年半之前，我就这样跟你说过。那天晚上，我们正在Br街上散步，可那时你根本就不相信我说的。"

要人承认这个话不是自己的原创，确实是让人痛苦的事情。我既不记得那番谈话，也不记得这位朋友这样说过。我们之中，一定是有一个人弄错了。根据获益者有责（cui prodest）原则，这个人一定是我。事实上，在接下来的几周里，我回忆起了一切，事情果然如我朋友所说的那样。我记得自己当时是这样回答的："目前为止，我还没有想过这个问题，也不想讨论它。"但是，在这件事之后，我变得更加宽容了，就算医学文献中引用了我提出的想法，但并没有提到我的名字，我也不那么在意了。

我们不加选择地收集了许多遗忘的案例。要想找到它们的答案，我们必须引入令人痛苦的主题，如揭露自己的妻子，朋友变成敌人，医疗中的误诊，因追求相似而产生的敌意，盗用他人的观点等，这一点绝非偶然。我相信，如果调查人们遗忘背后的动机，每个人都可以填写一张类似的样本卡，上面写着让他们伤透脑筋的情况。在我看来，想要忘记不愉快的事情是一种普遍倾向，而且不同的人在这方面的能力也不相同。我们在治疗过程中遇到的某些否定也可能出于遗忘。[①]我们对这种遗忘的概念，使我们把某些行为的区别限制在了纯粹的心理关系中，于是，我们可以在两种反应中看到同一动机表现。我们收集到了许多否认不愉快的案例，我在病人亲属身上也观察到了这一点，其中有一个案例令我印象尤其深刻。

一位母亲讲起她的儿子。他是一个紧张不安的孩子，现在正值青春期，但这位母亲告诉我的是他小时候的事。她说，和他的

---

① 如果我们问一个人，他是否在十年或十五年前感染过梅毒，我们可能忘记了，从心理上讲，病人对这种疾病的看法与急性风湿病发作完全不同。在父母告诉女儿（女儿患有神经症）的记忆中，我们几乎不可能肯定地区分哪些是他们真正遗忘的部分，哪些是他们想隐藏的部分，因为任何阻碍女孩未来的婚姻的内容，都被父母精心地挑选出来，抛在了一边，也就是说，被压抑了。

一名男子，刚刚失去了心爱的妻子，她是患肺部疾病离世的。他向我描述了下面这个误导医生的案例。这个案例，只能用这种遗忘理论来解释。

"我可怜的妻子患上了胸膜炎，几周后还不见好，于是，我们请来P医生为她治疗。在了解病情时，他问了一些常见的问题，问我妻子是否有家族肺病史。我妻子否定了这种说法，我自己也记不起他们家有这样的情况。P医生临走之前，话题无意中转到了短途旅行的事上面，我妻子说道：'是的，到兰杰斯多夫（Landgerdorf）的路很远，我可怜的哥哥就葬在那里。'她的哥哥大约死于十五年前，是一名老结核病病人。我妻子非常喜欢他，而且经常提起他。事实上，我记得，当她自己被诊断为胸膜炎时，她曾经非常担心，伤感地说：'我哥哥也死于肺部问题。'但是，这段记忆被深深地压制了下来，甚至在谈到去兰杰斯多夫时，她也没能纠正关于家族病史的信息。在她开始谈论兰杰斯多夫的那一刻，我就回想起了这一点，我感到很震惊，我们居然会把这事给忘了。"

欧内斯特·琼斯在他的作品中也讲述过极其相似的经历。一位内科医生的妻子得了一种莫名其妙的腹部疾病，他对她说："幸好你家没人得过这种病！"她非常惊讶，转头对他说："难道你忘了我母亲就是死于结核吗？我妹妹也是，医生都以为她没救了，但她居然康复了！"——原注

兄弟姐妹一样，他小时候一直尿床。这种症状在神经症患者的病史中具有重要的意义。几周后，在收集有关治疗的信息时，我请她注意这个年轻人身上体质病态倾向的迹象，同时提到了回忆中所叙述的尿床。令我惊讶的是，她反驳了这一事实，否认了其他孩子也会尿床，还问我怎么会知道这种事。最后，我告诉她，是她不久之前自己告诉我的，那时候她还记得这件事。①

大量迹象表明，除了神经症患者，健康人群也会抵制不愉快的记忆和痛苦的想法。②但是，只有在了解神经症患者的心理

---

① 在我最初写这本书时，一件不可思议的事情发生在了我身上。新年的第一天，我查看了我的记事本，想寄出账单。六月份的记录里，我遇到了一位名叫M的人——这个名字，我已经对不上号了。让我更吃惊的是，在我查看治疗记录时，我竟然发现自己在疗养院处理过这个病例，而且接下来的几周，我常常去拜访这位病人。六个月就把这样的病人忘得一干二净，这样的情况实属少见。

我问自己，他是一个男人吗？一个轻度瘫痪的人？还是我对这个病例一点儿也没有兴趣？最后，收到费用的记录才让我想起了自己极力想逃避的一切。M是一个十四岁的女孩，那是我晚年最不寻常的案例。这个案例给了我一个难忘的教训，让我承受了很多痛苦。这孩子确诊患上了歇斯底里症，在我的照顾下，她的歇斯底里症迅速好转。病好之后，他的父母就把她接走了。但她仍然抱怨肚子会痛，这也是歇斯底里症的症状之一。两个月后，她死于腹腺肉瘤。她本身有歇斯底里的倾向，但她的歇斯底里只是肿瘤引起的。然而，我只关注到狂暴但实际无害的歇斯底里，却忽视了肿瘤出现的征兆，没能第一时间察觉到她已经患上了这种绝症。——原注

② 最近，皮克（《心理和神经疾病中的遗忘心理学》，出自《犯罪人类学与犯罪学》，格罗斯著）收集了一些作者的名字，他们都意识到情感因素对记忆影响的价值，也或多或少地认识到，抵御痛苦的防御性努力会导致遗忘。但是，对于这种现象及其心理决定因素，我们所有人的表述都不及尼采那么详尽而有效。尼采的这句名言（出自《善恶的彼岸》）是这样说的：

"我曾那样做了。"我的记忆说。

"我不可能那样做。"我的骄傲说，它的态度坚决无比。

最后，我的记忆屈服了。——原注

时，我们才能评估这一事实的全部意义。一个人不得不对那些能唤醒痛苦感情的思想进行防御，可与之相提并论的，只有痛苦刺激下的逃跑反射，它是承载歇斯底里症状机制的主要核心。我们不必拒绝承认这种防御倾向，因为我们不可能摆脱带给我们痛苦的记忆，它们一直附着在我们身上。我们不必驱逐痛苦的情绪，如悔恨和来自良心的谴责。这种防御倾向不会永远占据上风。如此一来，它可能不会从心理上打击那些为了其他目的而激起相反感觉的因素，以及那些对它不管不顾，让它产生的因素。

对于心理结构的建构原理，我们可以猜测它是分层的，或是沉淀在分层上的实体结构。而且，非常有可能的是，这种防御倾向属于较低层次的心理实体，并受到较高层次实体的抑制。无论如何，它都说明了这种防御倾向的存在，以及它的力量，我们可以追踪到它们发生作用的过程。在上面这些遗忘案例中，我们已经看到了这一点。于是，我们看到因为自身原因而导致的遗忘。在这种情况下，防御倾向一定会对准目标，并使得另外一些内容被遗忘。这些内容不那么重要，但与令人不快的东西之间存在着联想关系。

痛苦的记忆很容易就会并入动机性遗忘，并应用到迄今还没有，或者是极少被意识到的领域。因此，在我看来，评估法庭上的证词时，我们对它的强调还不够[1]。法庭上，证人会宣誓，让

---

① 参见汉斯·格罗斯，《犯罪心理学》，1898年。——原注

我们相信他所说的是真话，但我们都忽略了心理力量的把戏。在民族的传说和民间故事的起源中，人们会小心地从记忆中消除这种会给民族感情带来痛苦的动机。经过仔细调查，我们发现，民族传说的发展方式和个体的幼年回忆之间存在很大的相似之处，可以形成一个完美的类比。伟大的科学家达尔文洞察到了遗忘的痛苦动机，并据此为科学工作者制定了一条"黄金法则"。①

　　在遗忘名字时，人们会出现误记的情况，同样，遗忘印象也可能会出现误记的情况，而且在寻找凭证时，它们可能会被指认为记忆产生了错觉。病理情况下出现记忆障碍（在偏执状态下，它实际上是形成错觉的原因）的文献资料有很多，但都没有涉及动机。因为这个主题也属于神经症心理学，所以它并不局限于我们当前的讨论范围。我要根据自己的亲身经历，举一个有关记忆干扰的例子。这个例子非同寻常，非常明确地显示出无意识压抑内容的决定作用，以及干扰与这些内容之间的联系。

　　在写《梦的解析》最后几章内容时，我正待在一个避暑胜地。那里没有图书馆，也没有可参考的书籍，因此，我只能从记

　　① 达尔文，《论遗忘》。

　　在达尔文的自传中，人们可以看到以下段落，它同样表现了达尔文在科学上的诚实和心理敏锐度。

　　他写道："多年来，我一直遵循一条黄金法则，也就是说，每当我无意中发现一个事实，观察到一种新现象或有了一个新想法，而它刚好又与一般规律相悖时，我都会毫不迟疑地把它记录下来。因为我的经验告诉我，它们比受到大家肯定的内容更容易从记忆中逃脱。"——原注

忆里提取资料，写进我的手稿里。这些内容当然有更正的余地。
在关于白日梦的一章中，我想到一个不同寻常的人物，它是阿尔
封斯·都德（Alphonse Daudet）①的作品《纳巴》（1877）中可
怜的图书管理员。通过这个人物，作者描述了他自己的白日梦。
我想我清楚地记得这个人。我称他为乔斯林（Jocelyn）先生，
记得他的一个幻想。这个幻想冒出来的时候，他正在巴黎街头
散步。

于是，我开始从记忆中提取这个故事。这个幻想描述了乔
斯林先生勇敢地扑向一匹脱缰的马，驯服了它。后来，马车门打
开了，一个伟人从轿箱里走了出来，握住乔斯林先生的手，说：
"你是我的救世主——你救了我的命！我要怎么报答你呢？"

我很确定，我回忆中的这个故事与作者所写的相差不多，
只要回去翻翻书，纠正一些小错误就行了。但是，当我翻开《纳
巴》，与我的手稿进行比较时，我感觉自己遭受了奇耻大辱。令
我震惊的是，乔斯林先生根本没有做过这样的白日梦。事实上，
那个可怜的簿记员根本不叫这个名字——他的名字是茹瓦约斯
（Joyeuse）。

第二个错误成了解决第一个错误，即误记的关键。在
法语中，"Joyeuse"和"Joyeux"都是"快乐"的意思，但
"Joyeuse"是阳性词，而"Joyeux"是阴性词。我的名字，在德

---

① 都德（1840—1897），法国作家。

语中写成"Freud", 也是"快乐"的意思, 而且在法语中对应"Joyeux"这个词, 因此这个词相当于我的法语名字。那么, 我记错的这个幻想, 以为它是都德书里所写, 是从哪里来的呢? 它只能是我自己生造出来的, 是我自己编织的白日梦。这个白日梦不在我的意识里, 或者, 我曾经是想到过它的, 但后来全忘了。也许, 它是我在巴黎时想出来的, 因为那时候我常常一个人在街上闲逛, 满心希望有一个能帮助我、保护我的人, 直到后来, 沙可把我带进了他的社交圈。在沙可的家中, 我经常遇见《纳巴》的作者。但是, 我对受人庇护这种事极其排斥, 我们国家对这种事的态度不容我这样, 我的性格也不适合扮演受保护的孩子, 我一直都强烈地渴望着"自己就是强者"。我会想起这样一个从未实现的白日梦, 可以肯定地说, 并非偶然。除此之外, 这件事也很好地说明了受到抑制的自我 (ego) 在偏执状态下顺利突围后, 会如何干扰和扰乱我们对事物的客观理解。

下面这个误记案例, 类似于记忆幻觉。

我有一个病人, 他很有抱负, 也非常有能力。我告诉他, 我收了一个年轻学生为弟子, 因为他写了一本很有趣的书, 书名叫作《艺术家: 性心理学实验》(*Der Künstler, Versuch einer Sexualpsychologie*)。一年零三个月之后, 这本书出版了, 摆在我面前。这时, 我的这位病人非常肯定地说, 他在某个地方读过这本书, 好像是在书商的广告中, 在我第一次向他提起这本书之前, 他就听说过这本书的宣传了。他记得自己当时想到了这个宣传。他确定，除此之外，作者还改了这本书的名字，把"实验"（Versuch）改成了"方法"（Ansätze）。

我仔细询问了这本书的作者，也对照了所有日期，确定这位病人说的这种情况根本不可能。在这部作品出版之前，它并没有在宣传册上出现过，至少出版前一年零三个月是没有。然而，对于这次误记，我并没有刨根问底，但是有一天，这个病人又犯下了一个类似的错误。这个错误，与上面那个错误具有同样重要的价值。他说，他最近在一家书店的橱窗里看到了一本关于广场恐惧症的作品。他翻遍所有现行的图书目录，想要找出那本书，但都无功而返。借着这个机会，我得以向他解释为什么他的努力都是徒劳。

事实上，这本关于广场恐惧症的作品只存在于他的幻想之中，这是他的无意识在作祟，他希望自己写过这样一本书。他雄心勃勃，想要努力赶上那个年轻人，并凭借这样的科学著作成为我的学生。这便是他一再出现误记的原因。

后来，他还回忆道，他的确看到过书商的宣传广告，并因此激发了不实记忆，但宣传的这部作品名为《创世纪：创造法则》（*Genesis, Das Gesetz der Zeugung*）。然而，他改变书名这件事，可能是我造成的，因为在告诉他书名的时候，我说得并不准确，把"实验"（Versuch）说成了"方法"（Ansätze）。

二、意图的遗忘

没有其他任何一组现象更有资格来证明这个主题了，因为缺乏注意本身不足以解释如遗忘意图这样的失误行为。意图是行为的推动力，已经得到了许可，但其执行被推迟了，需要等待合适的场合。这个间隙足以制造变化，于是，动机伺机而入，阻止了意图的执行。然而，它没有被遗忘，只是被改变和遗漏了。

我们自然不习惯去解释意图的遗忘，每时每刻，我们都在经历这种情况，动机也会根据最近的变化进行调整。我们一般不会去解释它，或者我们会寻找一种心理解释，假设在执行时对行动的注意已经不复存在了，而这种注意是意图产生的不可或缺的条件。

观察与意图有关的正常行为，我们就会发现，这种假设很武断。如果我在早上下定决心，要在晚上做某事，那么白天这段时间，我可能会多次想到它，但是也没有必要一整天都想着。随着执行时间的临近，它会突然出现在我的意识中，并催促我为接下来的行动做好必要的准备。如果我想要在散步时顺便带一封信出去投递，作为一个非神经质的正常人，我根本不必把信拿在手上，不停地到处找信箱。事实上，我习惯把信放在口袋里，走在路上时，让思绪自由驰骋，因为我知道，当第一个邮筒出现时，我一定会注意到它。这时候，我才会从口袋里拿出信来，投进信箱里。

成形意图中的这种正常行为，与人在实验中做出的行为完全一致。在实验中，受试者受到所谓的"催眠后暗示"，在一段时间后做一些事情。①我们习惯于用以下方式描述这种现象：受到暗示的意图潜伏在当事人身上，直到执行时间临近，它会进入意识中，并开始采取行动。

面对生活中的这两种情况，即使外行人也知道，遗忘意图并非一种简单的基本现象，最终取决于不被承认的动机。这两种情况就是恋爱和服兵役。恋爱中的一方没能按时到达约会地点，他告诉自己的爱人，很不幸，他已完全忘记了他们的约会。这时，另一方会毫不犹豫地回答："如果是一年前，你一定不会忘的！显然，你已经不再爱我了！"即使他了解前面引用的心理学解释，并希望以其他重要事务为借口，让她原谅自己，但他能从女人那里得到的，也只有这样的回答。她仿佛化身为一名正在进行精神分析治疗的医生，变得非常敏锐。

"还有什么可说的呢？要是放在以前，你一定不会因为这种事记不起我们的约会！"

当然，女人并不想否认他确实有可能忘记了，但她相信，这当然是有道理的。实际上，从无意的遗忘和有意识的托词中，都可以得出某种不情愿的推论。

同样，在服兵役时，因遗忘而造成疏忽与因故意忽略而造

---

① 参见伯伦汉（Bernheim），《催眠新研究：暗示与心理治疗》（*Neue Studien über Hypnotismus, Suggestion und Psychotherapie*），1892年。——原注

成疏忽，这两者之间没有区别。事实就是这样！士兵不敢忘记军队的要求。如果他熟悉这些要求，却不幸忘记了，那便是因为促使他执行命令的动机受到了相反动机的抵制。需要服役一年的志愿兵①说自己忘记了擦亮制服上的纽扣，这只是一个借口，他肯定会受到惩罚。但是，如果他向上级承认，他疏忽的原因是"我厌烦了这种苦差"，这时受到的惩罚肯定要大得多。为了免受处罚，他便利行事，以遗忘为借口，或者将此作为一种妥协的方式。

同女人谈恋爱（和服兵役一样），都要求我们不能遗忘相关的每一件事。这也暗示，对于不重要的事情，遗忘是允许的。但是，如果忘记了重要的事，那就表示当事人其实并不看重它，也就是说，它的重要性存在争议。②事实上，我们并非要在这里对心理作用的有效性提出异议。除非是那些有心理缺陷的人，否则没有人会忘记去做对自己来说很重要的事。因此，我们的研究最多只延伸到遗忘那些或多或少算是次要的意图，因为我们相信，绝对无关紧要的意图并不存在，否则它根本就不会产生。

---

① 受过教育的年轻人，能够通过考试并支付相关费用，只需服一年而不是两年的强制兵役。——原注

② 在《恺撒和埃及艳后》中，萧伯纳为了表现恺撒对克利奥帕特拉的漠不关心，描写到恺撒离开埃及时，感到特别烦恼，总觉得自己忘记了什么事。终于，他想起自己忘记了什么——他忘记了向克利奥帕特拉告别。这无疑完全符合历史事实，恺撒是多么不在意这位埃及公主啊！——原注

与前面提到过的机能障碍一样，我从自己身上收集了许多关于因遗忘而忽视的例子，并努力给出解释。我发现，它们都受到一些未知和不被承认的动机的干涉。或者，可以这样说，它们都可以归因于一种反意愿。在其中的一些例子中，我发现自己也处于类似的境地，不得不去做一些让我反感的事：我处于一种被迫状态之中，但我自己并没有完全听天由命，所以，我以遗忘的形式表达了反抗。事实上，我特别容易忘记在别人生日、周年庆、婚礼庆典，特别是升职时寄去贺卡，我不断下决心要改正，但我比以往任何时候都更加相信，我不会改掉这个毛病。现在，我已经打算就此放弃，并开始承认这种反抗动机。在我产生这种想法但还没有完全放弃的时候，我的一位朋友让我帮他发一封贺电。我告诉他说，我也正要给某人发贺电，但是我可能会把它们都忘了。果不其然，预言成真了。毫无疑问，由于生活中的痛苦经历，我无法夸张地表达共鸣之情，因为我感觉不到这种情绪情感，也无法做出相应的表达。过去，我也常常把别人的虚情假意误认为真情实感。在了解到这点之后，我就开始反感表达同情的传统，我觉得这只是社交中的权宜之计。但是，对我来说，向死者致以哀悼是个例外，我对这种情况的处理完全不同。只要我决意发电报表达吊唁，我就不会忘记。这时候，我的情感与社交责任无关，这种表达也不会受到遗忘的抑制。

我们答应了帮助别人，但忘了采取行动，这种情况同样可以解释为对常规责任的敌视以及内心的反对。虽然被要求帮忙的人会以遗忘为借口，但请求帮助的人会毫不怀疑地相信，对方并没有把这件事放在心上，否则他一定不会忘记。

有些人很健忘，我们会原谅他们的失误，就像我们会原谅近视眼看不见我们，在街上遇见时不与我们打招呼一样。[1]这种人不会信守他们许下的小承诺，不会执行收到的命令，在小事上表现得也不靠谱，却要求我们不要见怪，这不过就是小事而已。也就是说，他们不希望我们把这些错误归咎于他们的品性，这只不过是机能特性罢了。[2]我自己不属于此列，因此没有分析这种行为的机会，也不能从中发现选择遗忘同一类事情背后的动机。然而，我可以根据类似性猜想，其动机是对他人存有相当程度的漠视。这种漠视非同寻常，当事人不愿承认，只能利用先天因素

---

[1] 女性能够很好地理解无意识心理过程，因此一般情况下，当我们没能在街上认出她们时，她们更容易生气。她们不愿接受看似合理的解释，比如，那个人是近视眼，或他专注地想着什么事，没有看见她。她们会认定，这个人看不到她们，一定另有重要的原因。

[2] 费伦齐博士说，他曾经是一个容易分心的人。他犯错的频率很高，也很奇特，他的朋友们都认为他很古怪。但是，自从他开始对患者进行精神分析，并把注意力转移到分析他自己的自我（ego）以来，这种注意力不集中的情况几乎完全消失了。他认为，当一个人学会增强责任感时，这些失误就不会出现了。因此，他相信，分心是一种依赖于无意识情结的状态，可以通过精神分析得到治愈。有一天，他在对病人进行精神分析时犯了一个技术性错误，他因此很自责。于是，就在那一天，以前那种心烦意乱的情况再次出现，他又开始分心了：散步时被绊倒（这是治疗中那个失误的象征表现），把皮夹忘在家里，付错了车费，扣错了衣服扣子，等等。——原注

（健忘）来达到目的。①

在另一些情况下，发现这种遗忘的动机并非易事，而且当人发现它们时，自己往往会感到惊讶。例如，我早年间就观察到，我会接到许多求治电话，但我通常会忘记那些要我免费治疗的，或同事打来的。这一发现让我感到很羞耻，于是，我养成了习惯，每天早上记下当天接到的所有电话。我不知道其他医生是否也有类似的经历。我因此想到了所谓的神经衰弱患者。他们前来就医前，会把希望与医生沟通的事写在备忘录上。显然，他们缺乏信心，害怕自己会忘事。但是，在通常情况下，病人会不停地抱怨，长时间地提出各种问题。这之后，他停顿片刻，然后取出备忘录，歉疚地说："我做了一些笔记，因为我什么都不记得了。"通常，备忘录上不会有新内容。上面记录的每个点，他都讲过了。他会照本宣科地念出每个点，然后自己给出回答："是的，我已经问过这个问题了。" 这种记笔记的方式，可能只是展示了他的一个症状，说明了意图受到动机不明的冲突干扰的频率。

此外，我还要讲讲大多数正常人也会遇到并深受其苦的情况。前些年，有很长一段时间，我都很容易忘记返还借来的书，也经常忘了按时付钱。我每天都会在一家烟草店买雪茄，但不久

---

① 对此，琼斯评论说："通常阻抗针对的是一般性要求。因此，一个忙碌的人会忘记妻子委托他寄的信——这种要求会让他感到不快。同样，他也会'忘了'妻子让他帮忙买东西的事。"——原注

前的一个早上，我居然没有付款就走了。这种失误并无大碍，因为那里的人认识我，他们大可以第二天再让我补上。但是，这种小疏忽、想要赊账，肯定与我盘算预算这回事不无关系，因为就在前一天，我满脑子里都想着预算的问题。即使是对于所谓的"体面人"，在涉及金钱和财产的时候，他们也很容易表现出这样的行为。乳儿具有原始贪婪性，希望抓住每个物体（以便把它们放进嘴里）。这种原始的贪婪，一般来说，哪怕通过文化和训练也不能够完全消除。①

从上面的案例中，大家能看出我也只不过是一介凡夫俗子。但是，令我高兴的是，我碰巧遇到的这些事，大家都很熟悉，也都能懂。我的主要目标就是要收集日常生活中的素材，并科学地加以利用。在获取知识的过程中，我不会把普通的事，也就是说日常经验的积累，拒之门外。科学工作的本质特征，并不在于对

---

① 为了统一主题，我在这里可能会偏离既定的分类，再补充一下人类记忆对金钱方面的偏爱。我从亲身经历中了解到，买过东西之后，误以为自己已经付过钱，这种不实记忆往往非常固执。当与生命严肃利益无关的贪婪意图占据上风时，当沉迷于娱乐时，如玩扑克牌，许多受人尊敬的人也很容易出现错误，记错或算错账，但他们却意识不到自己已经被卷入了这样的欺诈行为中。通过这些游戏，我们可以重新了解一个人的性格。俗话说，在游戏中，我们可以了解到一个人"被压抑的性格"。服务员无意中犯了错，显然也是遵循了同样的机制。在商业领域，经常会出现拖欠付款之类的事。这样的拖欠对他们来说并没有实际的好处，只能解释为心理上不愿把钱支付出去，表达了一种反意愿。对此，布里尔讽刺地总结道："如果有两封信，一封装有支票，另一封装有账单，我们更容易弄丢装有账单的那一封。"（布里尔，《精神分析理论和实际应用》，第197页。）——原注

象的特殊性，而是要通过更严格的验证方法努力找出更加深远的联系。

我们发现，当不明动机出现并产生干扰时，一些重要的意图就会被遗忘。对于那些不太重要的意图而言，我们发现了另一种遗忘机制：当其他内容与意图内容产生外部联系时，一种反意愿便会从其他内容迁移到意图上。下面这个例子来自布里尔，它很好地说明了这一点。

一个病人发现自己突然疏于通信。她天生守时，喜欢写信，但在最近几周，她要费很大的力气，才能强迫自己去写信。解释很简单。几周前，她收到了一封重要的信，要求她就某事给出明确的答复。她没有做出决定，因此便没有回复。如此一来，没有做出决定，以抑制为形式，无意识地迁移到了其他信件上，从而导致了泛化。

在下面这个例子中，直接的反意愿，以及更不易察觉的动机，都得到了很好的表现。

我为"神经和精神生活的边缘问题"系列写了一篇关于梦的小文章，里面也简要地介绍了一下《梦的解析》。伯格曼（Bergmann）是这套书的出版商，他把校对稿寄给了我，并要求我看过之后尽快返还，因为他想在圣诞节前发行这本小册子。当天晚上，我就完成了工作，把校对稿放在我的书桌上，以方便第二天早上拿去邮局。可是，第二天早上，我把这件事忘得一干二净，下午看到桌上的封面纸，才又想了起来。那天晚天，甚至第二天早上，我又忘记了那份校对稿，直到第二天下午，我才赶紧把它寄了出去，并奇怪自己为什么要这样拖拖拉拉。显然，我不想把它们寄走，却不知道该如何解释自己的这种态度。

寄出这封信后，我去了我在维也纳的出版商那里，发行《梦的解析》的人就是他。我谈了我的一些要求，接着一个想法突然跳了出来，我脱口而出："你应该知道我又写了一篇关于梦的文章吧？"

"啊！"他惊呼道，"那我必须请你……"

"请你冷静！"我打断了他，"那只是一篇小文章，收录在劳温费德①和库莱拉②（Löwenfeld-Kurella）的小册子里。"

但他仍然感到不满，他担心哪怕只是简要地在里面提及《梦的解析》，也会影响到它的销售。我不同意他的观点，最后问道："如果我之前来找过你，你会反对我写这篇文章吗？"

"不，当然不会！"他回答道。

站在我个人的角度，我相信我完全有权这样做，我没有做任何违反惯例的事。然而，可以肯定的是，我内心深处也有类似于这位出版商一样的想法。这个想法便是我迟迟不愿寄出校对稿的原因。

以前也发生过这样的事。当时，另一个出版商来找麻烦，因

---

① 劳温费德（1847—1923），德国神经科专家、医生，性病理学先锋人物。
② 库莱拉（1858—1916），德国精神科专家、医生。

为在不得已的情况下，我从以前关于小儿脑性麻痹的作品中抽出一些章节，原封不动地刊登在了诺特纳格尔（Nothnagel）[①]出版的同一主题的手册里。那一次，我的这种做法无可厚非，我也坦诚地把我的意图告诉了第一个出版商（即发行《梦的解析》的出版商）。

然而，沿着这个回忆再往回走，我又想到了另一件事。那一次，我是真的侵犯了应在出版物中考虑的著作权。当时，我正在翻译一部法语作品，在没有得到作者许可的条件下，我在文本中添加了一些注释。几年后，我才意识到，这位作者对这种随心所欲的行为相当不满。

有一句谚语道出了遗忘意图并非偶然的事："一次忘，次次忘。"

诚然，我们有时会不自觉地认为，遗忘和失误行为是一个显而易见的问题，所有人都了解它，但事实上，我们仍然有必要提及它，让它进入我们的意识之中。我常常会听人说："请不要让我做这件事，我肯定会忘记的。"后来，这个预言果然成真了，但这一点本身并不难理解。说这话的人感知到了内心的意图，不想执行这个请求，只是犹豫着不愿承认罢了。

此外，通过"虚假意图"，我们可以更进一步地了解意图的遗忘。有一次，我答应一位年轻作者，为他的小文章写一篇评

---

① 诺特纳格尔（1941—1905），奥地利神经学家。

述。当时，我并没有意识到内心的阻抗，答应当天晚上就为他写。我真的很想这样做，但我忘了，那天晚上我要准备一份专家鉴定书，这是一件没有办法再拖的事情。于是，我意识到自己的意图是假的，也不再与阻抗为敌，拒绝了他的请求。

第八章

错误行为

在前文中，我提到过梅林格和迈尔的作品，这里，我还要引用其中的一段话：

"口误并非一种特有现象。它类似于其他行动中常常出现并被人们愚蠢地称为'遗忘'的错误。"

从这句话中，我们可以看出，我并非第一个指出健康人在日常生活中出现轻微的功能障碍有其意义和目的的人。[①]

口误是一种运动机能，如果它符合这种观点，那么其他运动机能自然也应如此。在这里，我把情况分为了两类：第一类是那些受到错误影响的情况，也就是说，偏离意图的，我称为"错误行为"（erroneously carried-out action）；另一类是整体上显得不恰当的行为，我称为"症状性的偶发行为"（symptomatic and chance action）。但是，这两者之间没有明确的分界线。事实上，我们不得不得出这样的结论：这里所使用的划分标准，只有描述性的意义，与表现形式的内在统一性相悖。

如果我们把错误行为归为"运动失调"，尤其是把它归入

---

① 梅林格的第二份出版物显示，我对他的态度很不公平，他其实是一位很有洞察力的作者。——原注

"皮质性运动失调"（cortical ataxia），那么显然我们并不能清楚地从心理角度来理解它。因此，我们可以试着追踪个案的实际决定因素。为了达到这个目的，我会再一次对我本人进行观察研究，但遗憾的是，这样的例子并不多。

（1）前几年，我常常上门为病人诊治。有时，我会遇到这样的情况：我站在他们的家门前，本应该敲门或按门铃，但我却从口袋里掏出自己的钥匙去开门。这很让人尴尬。每当发生这样的事，我都不得不承认，这种失误行为——不按门铃，而是拿出自己的钥匙——是在向这幢房子致敬。它等同于"我在这里有家一般的感觉"，因为这种情况只发生在我受到病人尊重的地方。（当然，在自己家门前是不用按门铃的。）

因此，这种失误行为具有象征性，表达了一种明确的想法，但这种想法却未被意识当真。实际上，神经科医生都很清楚，病人向他寻求帮助，只是希望从他那里得到好的治疗。他热心对待病人，也只是一种心理治疗的手段。

梅德（Maeder，1906）也描述过此类经历，他的原文如下：

"Il est arrivè a chacun de sortir Son trousseau, en arrivant à la porte d'un ami particulièrement cher, de se surprendre pour ainsi dire, en train d'ouvrir avec sa clé comme chez soi. C'est un retard, puisqu'il faut sonner malgré tout, mais c'est Une preuve qu'on se sent - ou qu'on voudrait se sentir - comme chez soi, auprès de cet ami." ①

在谈到钥匙的使用时，琼斯说："关于钥匙使用上的失误，资料非常丰富。在这里，我可以举两个例子。"

"如果我不能专注地在家工作，非得去医院处理一些日常事务，到医院后，我就会用家中的书桌钥匙去开医院实验室的门。事实上，这两把钥匙差别很大。这个错误无意识地表现了我那时更愿意待在什么地方。

"几年前，我在一家机构任职，我的职位并不高。这家机构的前门平时都关着，需要按门铃才能进入。好几次，我发现自己都很认真地试图用自己家的钥匙去开门。为了避免在门口等待的麻烦，那些正式工都有一把钥匙。我也渴望成为他们中的一员。因此，这个错误表达了我也渴望处于类似的位置，想有'在家'的感觉。"

维也纳的汉斯·萨克斯（Hans Sachs）②博士讲述了下面的经历。

"我总是随身带着两把钥匙，一把开我办公室的门，一把开我住的地方。这两把钥匙不容易混淆，因为办公室钥匙至少比我家那把要大三倍。此外，我把办公室钥匙放在裤兜里，把另一把

---

① 很多人都会有这样的经历：在好朋友家前取出自己的钥匙，想要开门。这是一个延迟，最后，我们还是不得不按门铃。但是，这证明我们感觉——或者我们想要感觉到——和朋友在一起就像在家一样。

② 汉斯·萨克斯（1881—1947），奥地利精神分析学家。

钥匙放在我的背心口袋里。然而，在开门时，我还是常常拿错。于是，我决定进行一次统计。我每天站在这两扇门前时的情绪状态都基本相同。如果拿错这两把钥匙由不同的心理因素所决定，那么它们必然也会表现出某种规律趋势。经过观察，我发现，用家里的钥匙开办公室的门是常事，但只有在一种情况下会出现相反的情况，那就是我回家时已经很累了，但我知道家里还有客人。那时候，我就会拿出办公室的钥匙去开家门。当然，这把钥匙太大了，打不开那扇门。"

（2）有一段时间，我需要在一幢房子的二楼门前等门。这样的事情持续了六年，每天两次，但在这段漫长的时间里，我却有两次（间隔很短）爬到了三楼。第一次时，我做着雄心勃勃的白日梦，不知不觉地"越爬越高"。事实上，就在我向三楼迈出第一步的时候，我就听到二楼那扇门打开了。另一次是因为我"全神贯注地在想着什么"，不知不觉就走到了三楼。我忽然意识到这一点，转身往回走，也开始思考原因。我发现我被对我作品的批评激怒了，其中一个人指责我"走得太远"，于是，我把它换成了另一种表达——"爬得太高"。

（3）多年来，我的书桌上并排放着一把反射锤和一把音叉。一天下班后，我行色匆匆地去赶火车。当时天色还很亮，但匆忙之中，我错把音叉当成反射锤，放进了我的大衣口袋里。后来，我注意到东西很重，才意识到自己拿错了。如果不习惯反思这样的小事，我会毫不犹豫地用"当时很匆忙"来解释这种失误行为，为自己找借口。但是，我还是想问问自己，为什么会错把音叉当成反射锤拿走。毕竟，匆忙也可以成为不犯错的动机，以免浪费时间来更正。

"最后一个碰过这把音叉的人是谁？"这个问题立即闪过我的脑海。

就在几天前，有一个重度智力低下的儿童①前来就诊，他对音叉很着迷，我想尽办法也不能让他放下这把音叉，从而影响到了我对他做的感官印象注意力测试。这意味着我是一个白痴吗？显然是这样的，因为接下来，我由"锤子"（hammer）这个词联想到了"chamer"，也就是希伯来语中的"蠢驴"。

但是，这种侮辱性语言意味着什么呢？我们必须在这里说明一下原委。我匆匆赶去，是到西部铁路沿线的某个地方赴诊。一位病人寄来病历，说他几个月前从阳台上摔了下来，从那以后便无法行走。邀请我的医生也写信说，他无法确定这个病人是脊柱损伤，还是创伤性神经症，即歇斯底里症。这正是我需要前去确认的问题。我需要特别小心，注意它们之间的微妙差别。事实上，我的同事们都认为，在涉及重大事件时，我把病症诊断为歇斯底里症太草率了。但是，因此而骂人也不合理啊！接着，我联想到了这个小火车站。几年前，我在这里见过一个年轻人。他经历了一段情感创伤，也是出现了走路问题。当时，我把他诊断为

---

① 儿童智力低下，分为轻度、中度、重度和极重度四个等级。

歇斯底里症，让他接受心理治疗。但后来事实证明，虽然我的诊断不能说不正确，但也不能说正确。这个病人的很多症状都与歇斯底里症相吻合，在他接受治疗的过程中，这些症状很快就消失了，但在这背后还存在着一些我的治疗无法消除的其他症状，它们只能被解释为多发性硬化症①。那些在我之后看到这位病人的医生，很容易识别出这种器质性疾病的影响，但是，处在我的位置上，我几乎不可能采取其他方式，或做出不同的判断，于是，让人觉得我犯下了严重的错误。当然，我会治愈他的承诺也没能兑现。

因此，想拿锤子，却错拿了音叉这件事，可以用下面的话来诠释：

"你这个傻瓜，你这个笨蛋，这次一定要振作起来，好好看看，不要再把不治之症诊断为歇斯底里症了！几年前，你就曾在这个地方对那个可怜的人犯下了这种错误！"

现在，这个男人只能以痉挛步态（spastic gait）行走，就在我为这个极重度智力低下儿童检查的第二天，他还到过我的办公室。这虽然给我造成了情绪上的波动，但对于这次分析来说，是一件好事。

我们可以观察到，这一次是自我批评的声音，它通过拿错东西让我察觉到，错误行为特别适合用来表达自责。当前错误试图

---

① 一种中枢神经系统慢性炎性脱髓鞘性疾病，会使患者肌肉协调性丧失、视力减弱等。此病可部分恢复，但不可治愈，复发率高。

展示的，是我们在其他地方犯下的错误。

（4）当然，拿错东西还可能有其他一系列不为人知的目的。下面就是一个例子。

我很少打碎东西，虽然我并不特别灵巧，但是，我的神经组织和肌肉组织不存在结构上的问题，是完整的，因此，我不会笨手笨脚，造成不良的后果。我不记得自己曾在家里打碎过什么物件。其实，我的书房很窄，里面又堆满了我收藏的古式陶制品和石头制品，让这个地方显得更加局促。事实上，旁人都害怕我会把它们打翻、弄碎，但这样的事从未发生过。

那么，为什么我会不小心把墨水瓶盖拂到地上，打得粉碎呢？我的墨水架是一块扁平的大理石，中间被挖空了，那个玻璃做的墨水瓶就放在里面。墨水瓶盖也是大理石的，旁边还有一个同样材质的旋钮。墨水架后面摆着一圈小的赤陶铜像。我坐在办公桌前写东西，握着笔筒的手莫名其妙地外展了一下，于是，本来放在桌子上的墨水瓶盖子落到了地上。

要解释这件事并不难。几小时之前，我姐姐来到这个房间，要看我新买的东西。她觉得它们非常漂亮，然后说："嗯，你这张书桌真的布置得很好看，只是这个墨水架不太协调。你需要买一个更漂亮的。"我陪着姐姐出了门，几个小时之后才回来。接着，我就处决了这个遭到诟病的墨水架。

我从姐姐的话中得出结论，她打算在下一个节日送我一个更漂亮的墨水架吗？还是说，我打碎了那个难看的旧东西，使她不得不这样做？如果是这样的话，我打破盖子那个动作虽然看上去笨拙，但实际上，它是很有技巧的，也是设计好了的，毕竟，它避开了周围所有的贵重物品。

这种看似笨手笨脚的意外动作其实另有解释，但我相信，这种解释是正确的，我们必须接受它。诚然，从表面上看，它似乎很粗鲁，且不合常规，类似于痉挛性运动失调，但是细看之下，我们会发现，它们似乎被某种意图所控制。它们一定能够实现目标，用到的方式通常也不能归结于有意识的随意运动。这样的行为有两个特征：影响力量和明确的目标。这与歇斯底里症的行为表现相似，也部分地类似于梦游症中完成的运动。但是，我们对这几种情况下产生活动的神经支配功能仍不明确。

后来，也就是从我收集这些观察结果开始，这样的事情发生了好多次。我打碎了一些有价值的物品，经过仔细研究，我确信它们都不是意外，也不是不经意间笨手笨脚造成的。

一天早上，我穿着睡衣和拖鞋经过一个房间，突然，我感觉到一股冲动，于是，我脱下脚上的一只拖鞋，狠狠地朝墙上扔了过去，一尊漂亮的小型大理石维纳斯像从架子上掉了下来，摔成了碎片。接着，我无动于衷地背诵起布施（Busch）[①]的诗：

"Ach！Die Venus ist perdü

Klickeradoms！-von Medici！"[②]

---

① 布施（1832—1908），德国诗人、画家。

② 啊！美第奇的维纳斯亡矣！——原注

　　这种行为很疯狂，而且，我看到东西打碎了还那么冷静，于是，我用当时的情况对其进行了解释。

　　我家里有人得了重病，我心里已经不指望她能康复了。那天早上，我得到消息，说她的病情有了明显的好转。于是，我对自己说："她总算是活下来了！"因此，我做出这种具有破坏性的疯狂举动，实际上表达了对命运的感激之情，让我有机会"献祭"。我曾发过誓，如果她好起来，我一定会奉上祭品。于是，我选择了美第奇的维纳斯来做这个祭品，表达了我对正在康复的病人的敬意，因为她是那么勇敢。但是，直到今天，我仍然无法理解，为什么我的决定来得那么快，瞄得那么准，完全没有击中周围的其他东西。

　　还有一次，一支笔筒从我手上掉下来，打碎了。这次破碎也象征着牺牲，但这一次是为了辟邪而虔诚地献上这个祭品。我曾让一位好朋友丢脸，因为我解读了他的无意识行为，说出了里面的含义。他对此很生气，给我写了一封信，让我不要再用精神分析的方式对待朋友。我不得不承认他是对的，也回信安抚了他。在写这封信时，我刚买的一个小物件——一个小小的、英俊的釉面埃及人像就摆在我的面前。我把它摔碎了，方式和上面提到的相同，于是，我马上意识到，打碎东西（一个灾祸）是为了避免更大的灾祸。幸运的是，友谊和这个人像都得到了修补，之前的破坏几乎看不到。

　　在下面这个打碎东西的例子中，关系不那么重要。借用费肖尔（Vischer）①在《又一个》中的表达，这只是变相地"处决"了一个不再合意的物品。

很长一段时间，我都喜欢拿着一根镶银手杖，有一次，手杖上面那层银板坏了——不是我弄坏的，我把它送去修理，但修的效果也很不理想，只能将就着使用。就在它被送回来后不久，我与孩子玩闹，高兴时用手柄去勾他的腿。于是，手杖又坏了，我就把它给扔掉了。

在这些案例里，我们都不在意东西被损坏，这种态度可以被看作证据。它证明了当这些事发生时，无意识目的的确存在。

（5）通过分析，我们知道，掉落或翻倒打碎物体，常常表现了一系列无意识想法，但是在许多情况下，它们也带上了迷信色彩，表现了流行说法相关的奇特事件。大家都知道不小心把盐洒出来，打翻酒杯，把小刀掉在地上等事情的含义。稍后，我会说说研究这类迷信解释的正当性，但在这里，我想说的是，笨手笨脚并不总是具有相同的意义。情况不同，它们要表达的目的自然也不同。

最近一段时间，我家的玻璃盘和瓷盘经常被打碎，而且大部分都是我干的。这种情况很容易解释，因为我的大女儿很快就要举行订婚仪式了。在婚礼庆典中，人们按照惯例要摔破盘子，同时说一些祝福的话。这一习俗象征着牺牲，也表现了其他的象征

---

① 费肖尔（1807—1887），德国美学家、哲学家，移情派美学先驱。后面提到的《又一个》是他的一部小说。

意义。

如果易碎物品从用人手上掉下来，打碎了，我们一开始肯定不会想到这里面可能存在心理动机。但是，这里面有一些说不清道不明的动机，也不是不可能的事。受教育程度低的人不能理解艺术和艺术品，我家的用人们对这些东西充满了敌意。他们不知道这些东西的价格，又觉得它们碍手碍脚，增加了他们的工作量。另外，这一教育层次的人，如果在科学机构工作，一旦认同了这些东西的主人，并把自己看作这个机构中的一员，就会轻拿轻放，好好对待这些精巧的物品。

下面，我将补充一位年轻机械工程师讲述的例子，通过它，我们可以清楚地了解到损坏东西的机制。

"前段时间，我和许多人一起在一所高中实验室里工作。为了研究弹性力学问题，我们做了很多复杂的实验。我们来做这项工作完全是自愿的，但在这个过程中，我们发现它比我们预想的要更耗费时间。有一天，我和F一起去实验室，他抱怨说这个工作占了他很多时间，特别是今天，他家里还有好多其他事情要做呢。我对他的话表示赞同，他半开玩笑地提及上一周发生的事故，说：'真希望这台机器再出故障，这样我们就可以停止实验，早点回家了。'

"在安排工作时，F碰巧被分配去调节压力阀。他要做的是小心地打开阀门，让压力下的液体从蓄能器流入液压机的气缸。实验的领头人站在压力计前，当压力达到最大时，他大喊一声

'停下'。听到这个指令，F抓住阀门，用尽全力向左转动它。然而，他转错了方向，关闭阀门都应该向右。于是，压力蓄能器里充满了压力，由于没有出口，连接管道爆裂了。这个事故虽然不会对这台机器造成很大的损害，但已足以让我们停止当天的工作，回家了。

"一段时间后，我们再讨论起这件事，虽然我十分肯定F这样说过，但他已经不记得自己说过这样的话了。"

同样，我们不能总是把摔倒、踏错或滑倒解释为完全偶然的失误动作。它们在语言上具有双关意义，对应着多种多样的隐藏幻想，会通过身体失衡来显现。我知道，很多妇女和女孩跌倒之后，虽然没有摔伤，但是都会开始患上轻微的神经性疾病。我们认为，这是因为跌倒之后受到惊吓，引发了创伤性歇斯底里症。当时，我便想到，这些事情之间具有不同的联系，跌倒已经为神经症做好了准备，表达了同一种无意识的性幻想。性，可以看作这些症状背后的动力。这种事，正如谚语所说："当少女跌倒时，她躺了下来。"

除了这些错误，我还可以再多举一个例子。比如，有人用一枚金币向乞丐换了一枚铜币或是银币。这种错误行为的答案很简单：这是一种牺牲行为，旨在抚慰命运、避邪等。如果母亲或姨妈担心孩子的健康状况，那么在外出散步时，她们通常会打破自己平时的习惯，去做一些好事。这时候，我们不会认为她们的做法纯属偶然。通过这种方式，失误行为成就了那些虔诚的迷信习俗，因为它们必须避开意识之光，避开理性的多疑和反对。

（6）意外行为实际上是故意的，在这一点上，没有哪个领域可以与性活动相提并论。在这里，我们很难分清蓄意和意外之间的界限。表面上看起来是笨拙，但实际上是达到性目的的方式，而且，这种方式非常巧妙。这一点，我可以用我自己的经历来证明。

我在朋友家里遇到了一个年轻女孩，她也是这位朋友的客人。她激起了我内心的情感，我非常喜欢她。好长时间，我都没有产生过这种感觉了。因此，我乐呵呵的，话也多了起来，对她百依百顺。那时，我努力想找出这件事的原因，因为一年之前，我曾见过这个女孩，但那时我对她没有任何感觉。

这位女孩的叔叔是一个年纪非常大的人，走进了房间。我们连忙站起来，为他端椅子。椅子放在墙角边，她比我更敏捷，离椅子也更近，所以先拿到了。她对着椅背，双手握住座位边缘。我也走到了椅子前，告诉她，让我来搬。就在这时，我的双臂从她身后绕过，环抱住她，手碰到了她的大腿。当然，我很快就化解了这个局面，大家都以为我只是笨手笨脚而已。

有时，两个迎面走来的人互相挡住了去路，于是，你让我，我让你，但两个人都踏向同一边，最后谁也没能让着谁，只好停下来对望着，真是又烦人又尴尬。我认为，这种"挡路"重复了无礼、挑衅的早期行为，它以笨拙为幌子，隐藏了与性相关的目的。根据对神经症患者的精神分析，我发现年轻人和儿童的天真无邪往往只是一个面具，目的是让当事人可以毫无顾忌地说或做不雅之事。

斯特克尔博士也讲到了一个类似的例子，事情就发生在他自己身上。

"我走进一间房子，向女主人伸出右手。当时，她正穿着一件宽松的晨衣，不可思议的是，我居然解开了她晨衣上的结。我意识不到自己有什么不光彩的意图，但我就像变戏法的人一样，敏捷地做出了这种举动，真是叫人尴尬。"

（7）一般来说，正常人犯错误，并不会造成什么伤害。正因为如此，如果能涉及一些相对来说重要的错误，那些会带来严重后果的错误，比如医生或者药剂师犯下的错误，将是一件特别有意思的事情。我们需要看看，这些错误是否在我们的观点范围之内。

由于我很少在医疗中出错，所以在我的亲身经历中，我只能想起一件事。现在，我就来讲讲这个错误。

我曾治疗过一位老妇人，几年来，我需要每天去看她两次。早上，我要做的事只有两件：①为她滴几滴眼药；②给她注射吗啡。通常，我会准备两个瓶子，蓝色的那一个装着眼药水，白色的是吗啡溶液。我天天重复这些事，根本不需要特别去注意，所以，做这些事的时候，我的思绪常常都在别处。

这些事几乎已经成了机械动作，但一天早上，我发现自己出错了。我没有把眼药水装进蓝色瓶子，而是倒入了白色瓶子里。

因此，滴到她眼睛里的，不是眼药水，而是吗啡！我非常害怕，但转念想了想，几滴2%的吗啡溶液不太可能造成多大的伤害，即使留在结膜囊中也还好，这才慢慢平静下来。让我感到恐惧的，显然别有原因。

在试图分析这个小小的错误时，我首先想到了"用错误抓住老妇人"（seize the old woman by mistake），这句话为我找出问题的答案指明了道路。就在前一天晚上，一位年轻人给我讲了他做的一个梦，我对此印象非常深刻。这个梦的内容，只能基于与母亲发生性关系来解释。[1]在俄狄浦斯传说中，有一个奇怪的地方，那就是伊俄卡斯忒王后（Queen Jocasta）[2]的年龄并没有遭到诟病。我完全同意这样的假设，爱上自己的母亲，我们处理的从来都不是当前的人格，而是我们童年遗留下的她年轻时的记忆画面。当幻想在两个时期之间荡来荡去，并被意识到时，这些不协调才会显现出来，然后被限定在一个特定的时期。

我一边沉思这类问题，一边想到了这位年逾九十的病人。我必然已经很好地理解了俄狄浦斯寓言的普遍特征。它与命运相关，是神谕。正因如此，我才在这位老妇人身上犯下了愚蠢的错误。在这里，错误同样是无害的。我犯的错，有两种可能，要么

---

[1]　我习惯于称为"俄狄浦斯梦"，因为它包含了理解俄狄浦斯王传说的关键。在索福克勒斯（Sophocles）的版本中，也涉及了这种梦，并通过伊俄卡斯忒说了出来。（参见《梦的解析》，第222到224页。）——原注

[2]　俄狄浦斯的亲身母亲。俄狄浦斯在不知情的情况下，杀了自己的父亲，娶了母亲伊俄卡斯忒王后为妻。

往眼睛里滴入吗啡溶液，要么把眼药水注射进她的身体。在这两个错误中，我选择了危害更小的那一个。然而，这里仍有一个问题没有解决。我仍然不知道，如果处理事情时犯下会带来严重伤害的错误，我们能否假设是无意识意图发挥了作用。

下面这个案例是布里尔的经历，它证实了上例中悬而未决的问题：即便是严重的错误，也由无意识意图所决定。

一名医生收到了一封电报。他从电报里得知，自己年迈的叔叔病得很重。尽管家里还有重要的事，但他还是立即动身，千里迢迢地去了叔叔住的小镇。这位叔叔更像是他的父亲，从他一岁半起，父亲过世后，叔叔一直在照顾他。到达后，他发现叔叔患的是肺炎。鉴于他已经是八旬老人了，医生们对他的康复并不抱有多少的希望。

"也就是这一两天的事了。"当地医生下了定论。

虽然他是来自大城市的名医，但他没有参与治疗，他觉得当地医生已经处理得很好了，没有什么需要他建议改进的地方。

因为病人随时可能离世，他决定一直待在那里，陪他走完最后一程。几天过去了，病人仍在坚持着。虽说恢复已经是不可能的事了，叔叔又出现了许多新的并发症，但尚可再支撑一段时间。一天晚上，他在就寝之前走进叔叔的房间，摸了摸他的脉搏。脉搏很弱，于是，他决定不等医生，进行了皮下注射。叔叔的病情迅速恶化，不到几小时就死了。

叔叔临死前的症状有些奇怪，在把那管注射剂放进箱子时，他惊愕地发现自己拿错了管子。他为叔叔注射的，不是小剂量的洋地黄①，而是大剂量的镇静剂。

这件事是这位医生自己告诉我的，当时，他读了我写的关于俄狄浦斯情结的文章②。我们都认为，这个错误不仅因为他等不及想回家照顾自己生病的孩子，还取决于他对叔叔（父亲）的旧怨和无意识的敌意。

众所周知，严重的精神官能症患者有时会自残，这也是这种疾病的症状之一。精神冲突以自杀告终，也是这些案例中不可排除的情况。因此，我的经验告诉我——总有一天，我会用令人信服的案例来证实它们——许多看似意外伤害的情况，实际上是患者的自残。事实上，人们一直都有自我惩罚的倾向。通常，它表现为自责，或者会促使症状形成，还会巧妙地利用外部情况。它所需的这种外部情况会不经意地出现，或者惩罚倾向会帮助它，直到它为期望达到的伤害效果敞开大门。

即使在严重程度中等的案例中，这种情况也绝非罕见。无意识意图的部分会通过一系列特殊特征暴露出来，例如，通过病人在假事故中所表现出的惊人的镇定。③

下面这个例子，是我在职业生涯中遇到的情况。

---

① 可增强心肌收缩力的药物。

② 《纽约医学杂志》，1912年9月。——原注

③ 此外，在我们这个文明社会中，自我伤害虽不完全倾向于自毁，却只能别无选择地隐藏在意外事故背后，或者通过自发的疾病表现出来。以前，它是哀悼的惯常迹象。有时，它也表现在虔诚和弃世思想中。——原注

一名年轻女子乘坐的马车发生了事故，膝盖以下的位置骨折，好几周都只能躺在床上。引人注意的是，她没有表现出任何痛苦，很冷静地承受着自己的不幸。这次不幸事件后，她患上了严重的神经症，而且持续了很长时间，最后通过心理治疗才得以康复。治疗期间，我发现了事故发生的前因后果。

这名年轻女子的丈夫是一个善妒之人，他们一起去她姐姐的农场小住。同行的还有她的其他兄弟姊妹及其家室。

一天晚上，她在亲朋好友前展示才艺，跳起了"康康舞"①。大家都非常高兴，但他的丈夫却大动肝火。之后，他小声地对她说："看吧，你又表现得像妓女一样！"

这句话起了作用。我们先不论这是否仅仅因为这支舞蹈，那天晚上，她辗转难眠。第二天上午，她决定乘马车出门。她不让别人为她选马匹，自己挑选了几匹马。她的妹妹希望保姆带着孩子陪她一起去，她也极力反对。途中，她非常紧张，提醒马夫说马儿们越来越不听话，不好驾驭。果然，烦躁的马儿们暂时出现了一些问题。她惊慌失措地从马车上跳下来，摔断了腿，但车上的其他人却没有受伤。了解到这些细节，我们几乎不用怀疑，这次事故是她有意为之。同时，我们也不能不钦佩其中的技巧，因为事故的惩罚与她所犯下的"罪行"竟如此匹配——很长一段时间，她都不可能再跳康康舞了。

---

① 19世纪起源于法国的一种舞蹈，因为舞蹈过程中有掀起裙子的动作，被指认为带有色情含义。

至于我自己的自我伤害行为，在风平浪静时，好像没什么可说的，但也有一些特殊情况。在这些情况下，我也会做出这样的举动。当我的家人抱怨说咬到了自己的舌头，擦伤了自己的手指时，我并不会如他们所愿表达同情。相反，我会问："你为什么要那样做？"有一次，我压到了自己的大拇指，疼痛难忍，因为就在那之前，我的一位年轻病人表示，他要娶我的大女儿为妻（当然，他不是认真的），而我知道，她有生命危险，当时正在一家私立医院接受治疗。

我的一个儿子生性活泼，生病的时候很难照顾。一天早上，他发火了，因为我们要他待在床上，一上午都不许下来。他威胁说，他要像报纸上所说的那样自杀。晚上，他让我看胸部一侧的肿块，这是他撞在门把上留下的。我讽刺地问他为什么要这么做，以及他想表达什么。这个十一岁的孩子解释道："我自杀了，今天早上我就这样说过。"当然，他这样做是自发的，因为我不相信，那时候我的孩子们能理解我关于自残的观点。

人们会有意、无意地伤害自己。如果可以这样说的话，那么我们就可以推论说：除了意识性的故意自杀，也存在着有意、无意的自毁——一种无意识的情况。在这种情况下，人们能够恰当地利用对生命构成威胁的事，并将其伪装成偶然事故。这种机制并不罕见。很多人身上都或多或少地存在这种自毁倾向，但去实现它的人数，要少得多。在通常情况下，自我伤害是一种妥协，介于这种冲动和对抗这种冲动的反作用之间。就算它真的发展成为自杀，这种倾向实际上也已经存在很长时间了，只是它的力量较弱，或者仅仅处于一种无意识的、被压制的状态。

有意识的自杀会选择时间、方法，也会挑选时机。同样，无意识自杀也会等待一个动机，由它来承担一部分原因，从而占据这个人的防御力量，把它从压抑中释放出来。①我在这里讨论的，绝不是毫无意义的问题，我从许多看似意外事故（从马上或车上摔下来）的事件中已然了解到，何种情况更可能酿成自杀。

例如，一位军官在和他的同僚赛马时从马背上摔了下来，受了重伤。几天后，他就因伤势过重而死亡。从昏迷中苏醒时，他的许多行为都非常引人注意。事故发生前，他的举动更是不寻常。他心爱的母亲过世了，他因此非常消沉，一不小心就在大家面前哭哭啼啼，对好朋友更是谈到了厌倦生活（tædium vitæ）。

---

① 这种情况与对女性进行性攻击有相似之处。女性无法通过肌肉力量来抵御男性的侵犯，因为被侵犯者的一部分无意识感觉会接受这种性攻击。当然，我们都知道，在这情况下，女性会因为恐惧和害怕而丧失思维和活动能力。我们需要补充的，是她们在这时候出现这种情况的原因。由此，我想到了桑丘·潘沙（Sancho Panza）。他当上海岛总督后，巧妙地断事办案，但从心理学上说，他的这个案子断得并不公正（《堂吉诃德》第二卷）。

一个女人把一个男人拖到法官面前，说他强暴了自己。桑丘从被告那里拿走满满一袋钱，给她作为赔偿。但是，女人离开后，他又允许被告跟上她，并从她那里抢走钱袋。两人扭打着回来，女人很自豪，因为那个恶棍没能抢走那个钱袋。对此，桑丘说："如果当初你能如此不屈不挠地捍卫自己的身体（不，哪怕只用上一半的力气），像你现在保护这个钱袋一样，大力士赫拉克勒斯也奈何不了你。"——原注他曾希望申请去非洲参战，他其实对这场战争毫无兴趣。[①]他以前一直热衷于骑马，后来却能免则免，不愿再骑。最后，他迫不得已参加了这次赛马。比赛之前，他说他有一种不祥的预感。果然，按照我们的观点，他的预感变成了现实。有人可能会争辩，说这完全可以理解，他当时正处于神经性抑郁状态，不能像平常一样好好驾驭赛马。我完全同意这种说法，但是，对于这种运动抑制的机制，我会通过这里所强调的自毁意图中的"神经质"来解释。

费伦齐博士分析了下面这个枪击造成的意外伤害，并把它解释为无意识的自杀企图，我也同意他对这个案例的看法。

"J. Ad.，22岁，木匠，1908年1月18日前来就诊。他想知道，我可不可以通过手术取出1907年3月20日刺穿他左太阳穴的子弹。除了偶尔出现不太严重的头痛，他并没有感到其他任何不舒服。经检查，他的左太阳穴有一个伤口，上面还有残留的弹药粉，但并没有子弹。所以，我建议他不用做手术。

"在问到相关情况时，他声称不小心伤到了自己。那天，他拿着哥哥的左轮手枪在玩，以为它没有上子弹。于是，他用枪顶住自己的左太阳穴（他并非左利手），手指扣在扳机上，这时枪

---

① 很明显，参加战争可以满足他有意识自杀的需求。然而，这种方式仍然不是直接性的。参见《华伦斯坦》（*Wallenstein*）中瑞典船长在谈到马克斯·皮科洛米尼（Max Piccolomini）之死时说的话："他们说，他想要去死。"——原注

忽然响了。当时，这把可以装六发子弹的枪里有三颗子弹。

"我问他为什么要把枪带在身上，他回答说，当时是去参加征兵，他害怕会打架，前一天晚上，就带着手枪住进了客栈。在入伍体检时，他被检查出患有静脉曲张，不能服役，这使他感到很羞耻。他回到家，玩起了左轮手枪。他无意伤害自己，但发生了事故。我又进一步问他，是否还有什么不顺心的事。他叹了口气，说起了自己的恋情。他爱上一个女孩，她也爱他，但最后还是离自己而去。她贪图钱财，移民去了美国。他本想随她而去，但遭到了父母的阻止。那个女孩离开的日子是1907年1月20日，正好在事故发生前两个月。

"尽管这些可疑因素就摆在眼前，但这位病人坚持认为，枪击只是'一个意外'。然而，我坚信，玩手枪前疏于检查里面有没有子弹，和自伤行为一样，都由心理因素所决定。他仍然受到失恋的影响，感到不开心，变得消沉，并显然想通过参军'忘掉这一切'。但是，这种希望也破灭了。于是，他诉诸玩武器，即诉诸一种无意识的自杀企图。另外，我们要注意的是，他拿枪的是左手而不是右手，这就确凿地证明了他的确是在'玩'，也就是说，他的意识里，没有自杀的愿望。"

下面分析的，是一个非常明显的意外自伤案例，它也让我想起了一句俗语："害人终害己。"（He who digs a pit for others falls in himself. ）①

"X夫人来自一个中产阶级家庭，已婚，有三个孩子。她有点儿神经质，但并不需要接受强化治疗，完全可以适应日常的生活。

"一天，她的脸受了伤，虽然最终会恢复，但那时看起来十分打眼。事情是这样的：她走在一条正在修缮的街道上，不小心被绊倒了，脸撞到了房子的墙面上。她整张脸都瘀青了，眼皮也是又青又肿。因为担心眼睛出问题，她派人来请我去看看。等她平静下来后，我问她：'你为什么会这样摔下去呢？'她回答说，就在这次事故发生之前，她告诉丈夫在街上走路时要尽量小心，因为他的关节已经不舒服好几个月了。她说，这样的事情经常会发生在她身上，她警告过别人不要犯的事，往往会反过来发生在她自己身上，这真是太神奇了。

"我并不相信这是这起事故的决定因素，便问她还有没有什么想告诉我的。当然有！就在事故发生前，她注意到街对面的一家商店里有一幅画。她心血来潮，立即就想把它买下来，用来装饰孩子的房间。于是，她径直穿过大街，朝那家商店走去，路也不看。于是，她被一堆石头绊倒了，脸撞在墙上，连用手保护自己都来不及。事后，她忘了想买那幅画的事，匆匆回到家中。

---

① 《堕胎的自我惩罚》，范·埃姆登（van Emden）博士，海牙（荷兰），出自《精神分析汇编》。

"'但你为什么不小心一些呢？'我问。

"'哦！'她回答说，'也许，这是一种惩罚，惩罚我做了给你讲过的那件事！'

"'那件事还在困扰你吗？'

"'是的，事后我非常后悔。我觉得自己很邪恶，是个罪人，伤风败俗。但那个时候，我紧张得快疯了。'

"她所说的，是她堕胎的事。最初，她找了一个江湖医生，但最后还是被送到了妇科医生那里，才最终解决了问题。她丈夫也是同意她堕胎的，他们双方都认为，鉴于他们现在的经济状况，并不适宜再要孩子。

"她说：'我常常自责，觉得自己居然杀了自己的孩子。我也很害怕，这种罪行不可能不受到惩罚。不过，你已经向我保证，我的眼睛没有严重的问题，我想，我受到的惩罚已经够了。'

"因此，这次意外一方面是对她罪行的惩罚，另一方面可能是一种解脱，让她摆脱了几个月来的担心，她一直害怕自己会因此受到可怕的惩罚。在她跑去商店买这幅画的时候，她又想起了整件事，心中充满了恐惧（当她警告丈夫时，恐惧已在她的无意识中活跃起来），让她喘不过气来。她当时的心情，或许只能用这样的话来表达：'装饰孩子的房间对你还有什么意义呢？你是杀死自己孩子的人！你是个杀人犯！一定会有极刑落在你的身上！'

"她并没有意识到这个想法，但她利用了这种情况。我所指的是就心理而言。她以一种普通的方式，借用一堆石头对自己施加了惩罚。正是出于这个原因，她甚至没有在跌倒时伸出双臂来保护自己，也没有感到多么害怕。

"这次意外还有一个次要的决定因素。显然，她无意识地希望摆脱丈夫，因为丈夫是这桩罪行的共犯。我们知道这一点，是因为她警告丈夫要特别小心街上的石头。这种警告完全是多余的，因为她丈夫的一条腿有毛病，走路时一直都很小心。"

在盛怒的情况下，人们会做出有违正直和危及自己生命的事。这种愤怒显然也会隐藏在意外和错误行为之后。以此类推，我们不难猜测，人们也可能通过这样的意外和错误，严重地危及他人的生命和健康。我可以拿出证据，证明这个观点是正确的，它们是我和神经症患者打交道时的亲身经历。当然，并不是所有这些例子都符合这种情况的要求。下面，我将详细地描述一个案例，这个案例中的行为，与其说是错误，倒不如说它具有象征性或偶然性更为恰当。我也从中得到了提示，并于之后解决了病人的冲突。

我曾经向一位非常聪明的男人承诺，要改善他的婚姻关系。他的妻子很温柔，也很依恋他，但他们之间也存在着分歧。这些分歧一定是有原因的，但正如他自己所说，他并不知道真正的原因是什么。他一直想与妻子分开，又一再否决了这个想法，因为他们有两个孩子，他非常爱他们。尽管如此，这样的想法总是冒出来，他也想不到办法让自己好受一些。这种冲突带来了不安，我知道，这里肯定存在着无意识的压抑动机，是它让意识思想产生了冲突。于是，我决定使用精神分析来解决问题。

有一天，那位先生告诉了我一件事，说他被这件事吓坏了。他和自己的长子一起玩，他最喜欢的就是这个孩子。他把孩子高高地抛到空中，然后接住，如此反复多次。最后一次，他抛得实在太高了，孩子的头差点儿就撞在了笨重的煤气吊灯上。"差点儿"，但还没有，或者可以说"差不多就要撞到了"！幸好孩子没事，只是因为受到惊吓有点儿头晕。他把孩子抱在怀里，呆呆地站着，他的妻子开始歇斯底里，对着他大喊大叫。

这个粗心大意的行为很有特色，夫妻双方的反应也很激烈。由此，我知道，这次意外是一种象征行为，表现了对所爱孩子的邪恶意图。

我想，父亲对孩子的这种矛盾，可以追溯到很久以前，他可能就产生过想伤害孩子的冲动。那时，家里还只有他一个孩子，年龄尚幼，这位父亲对他没有丝毫的兴趣。当时，这个男人对妻子非常不满，他会想："如果这个我不在乎的小东西死了，我就自由了，可以和妻子分开了。"表面上，他爱这个小孩，但心里一直无意识地希望他死。在这里，我们很容易找出这一愿望固着在无意识中的方式。

同时，病人的童年记忆中也存在着一个很强的决定因素。小时候，他的一个弟弟死了，母亲把弟弟的死归咎为父亲的疏忽，他们因此常常大吵大闹，还威胁对方说要分开。

这个病人日后的经历，以及后来我对他的成功治疗，都证实了我的分析。

第九章
症状性（偶然）行为

我们在上一章所描述的那些行为会阻碍其他的无意行为，并以笨拙为借口隐藏自己。从这些行为中，我们都可以看到无意识意图的作用。

本章中，我们要讨论的是偶然行为。与错误行为不同，偶然行为不屑意识意图的支持，也不需要借口。它们独立地出现，也会为人们所接受，因为人们不相信它们有任何的目的或企图。在做出这些行为时，我们"不会去想它们""纯属偶然""只是为了让自己有事可做罢了"。如果有人问起它们的意义，我们也不会去深究，觉得这些信息已经相当充分了。这些行为不再以笨拙为借口，具有特殊的地位，当然，为了享受这种优势，它们必须满足如下条件：不引人注目，其效果也必不明显。

我从自己和其他人那里收集到了许多这样的"偶然行为"，而且，在深入地研究了这些个案之后，我认为，把它们称作"症状性行为"要更恰当。当事人并不会怀疑这些行为，而且，一般来说，他也不打算告诉别人，只想自己知道。同时，和上述所有现象一样，它们也起到了症状的作用。

在对神经症患者进行精神分析治疗的时候，我们可以看到许多这种症状性（偶然）行为。下面，我将讲述两个案例，它们很好地证明了无意识思想对人的影响有多大、多微妙。此外，症状性行为和错误行为之间的界限其实非常模糊。我在这一章中用到的案例，其实也可以放到上一章去。

（1）在进行精神分析时，一名年轻女子突然回忆起一件事：昨天，"修剪指甲边缘的死皮时，划到了皮肤上的肉"。这件事并不值得关注，因此，我很惊讶，问她为什么会记得这件事，还特意提起它。最后的结论是，这是一个症状性行为，因为她不小心弄伤的，是她通常戴结婚戒指的那个手指。此外，这件事发生那天，正好是她的结婚纪念日。这样一来，我们就更容易猜出弄伤皮肤的明确含义了。与此同时，她还提到了一个梦，这个梦影射了她丈夫愚笨，以及她作为一个女人的麻木。但是，明明结婚戒指应该戴在右手上，为什么她会戴在左手上，而且刚好弄伤左手上戴婚戒那个手指呢？原来，她的丈夫是一名法学家，一位"法学博士"（Doctor of Rights），"法学"（Right）这个词是个多义词，也有"右边的意思"。当她还是女孩子时，她偷偷地爱过一名医生，这位医生被大家戏称为左博士（Doctor of Left）。这样一来，"左手婚姻"的含义也就明确了。

（2）一位未婚女子问我道："昨天，我不小心把一张百元钞票撕成了两半，并把其中一半给了来看我的一个女人。这也是症状性行为吗？"经过仔细研究，百元钞票引发了以下联想：她把自己的一部分时间和财产贡献给了慈善工作；她与那个女人一起负责照顾一名孤儿，这100美元就是那个女人给她的捐款；她把钱装在一个信封里，暂时放在自己的书桌上。

这位访客是一位杰出的女性，她们一起参加了另一个慈善活动。这位女士想要记下那些可以申请慈善援助的人的名字，但是她手上没有纸。因此，我的病人从她的桌子上拿起那个信封，想也没想里面装了什么，就把它撕成了两半。她自己保留了一半，以便留底查找，另一半给了她的访客。

请注意，这种无目的的行为并没有造成危害。众所周知，100美元的钞票被撕烂，只要这些碎片都还在，它就不会贬值。那位女士并不会扔了她带走的那半信封，因为上面写的名字非常重要。我们也不用质疑，一旦她注意到信封里装的东西，就一定会把它送回来。

但是，这个因为遗忘而引发的偶然行为，它背后的无意识想法是什么呢？这个案例中的访客，与我的这位病人以及我自己都有关系。推荐我为这个生病的女孩子治病的人，正是这位访客。如果我没有弄错的话，我的病人想必觉得欠她人情。这半张100美元有没有可能就是她付的介绍费呢？这仍然是个谜。

后来，我又收集到了更多信息。几天前，一个媒人（介绍人的一种）向这位病人的亲戚打听，问她是否愿意认识某位绅士。那天早上，就在那位女士来访前几个小时，我的病人收到了追求者的求爱信，她因此感到非常高兴。后来，这位女士来了，并关切地问起她的病情。这时，后者很可能会这样想："你为我推荐了合适的医生，但如果你能再帮我找到佳偶（生下孩子），我会更加感激你。"

在这种被压抑的想法中，两个"介绍人"被混为了一谈，她把想交给另一个人的费用给了这位女士。在这里，我还要补充一点，它可能会让我的这个分析更有说服力。就在前一天晚上，我曾经给这位病人讲到过这种症状性（偶然）行为，因此，她不过是照葫芦画瓢，在自己遇到的场景中做出了类似的举动。

我们可以对这些极其常见的症状性行为进行分组，依据是它们会在某种情况下习惯性地、有规律地出现，还是孤立地发生。第一组（如玩表链，摸自己的胡子等）可以看作当事人性格特征的一部分，涉及许多小动作，当然也应该与后几组联系起来处理。我划归第二组的有玩手杖，用铅笔乱涂乱画，把口袋里的硬币弄得叮当响，捏面团和其他具有可塑性的东西，以各种方式摆弄自己的衣服，以及同类型的许多其他行为。

在进行心理治疗时玩弄这些东西，常常是为了掩饰感情，隐藏意义。这些感情和意义，是无法通过其他方式表现出来的。一般说来，当事人对此一无所知：他不知道自己一直都是这样，还是改变了一下他的习惯玩法。同样，他也看不见（或听不到）这些行为的影响，例如，听不到硬币叮当作响时制造的噪声。如果有人提醒他注意这个问题，他会很惊讶，不敢相信自己竟然在做这样的事。

作为一名医生，我们也应该观察人们的衣服，因为他们常常注意不到自己对衣服做了什么。每一次着装习惯的变化，每一个小小疏忽（如没有扣好扣子），每一丝暴露，都在传达着穿这件衣服的人不愿直言的内容，但在通常情况下，他完全意识不到这一点。

从治疗时的周围环境中，从正在讨论的主题里，从把注意力集中在看似偶然的事件上时浮出水面的那些想法上，我们都可以看到对这些微不足道的偶然行为的诠释，以及用来诠释它们的证据。鉴于这种联系，我不打算通过报告案例分析来证明自己的观点。我之所以提到这些事情，是因为我相信，和患者一样，正常人身上出现的这类行为，也具有同样的含义。

然而，我还是会举一个例子，用来说明习惯性象征动作与正常人的生活具有十分重要的密切联系。

欧内斯特·琼斯在《日常生活中象征的作用》①中写道：

"弗洛伊德教授告诉我们，象征意义在正常人的婴儿时期发挥着巨大的作用，远远超过了我们在早期精神分析经验中所了解到的。考虑到这一点，大家可能会对下面这个简短的分析感兴趣，尤其是对于医生来说。

"一位医生搬了新家，需要重新摆设一下屋里的家具。他无意中看到一个木制的直筒式听诊器，于是想着应该把它放在什么地方，最后，他决定把它放在写字台一侧。这个位置正好位于

---

① 欧内斯特·琼斯，《日常生活中象征的作用》（"Beitrag zur Symbolik im Alltag"），《精神分析汇编》，1911年。——原注

他的椅子和为病人保留的座位之间。这个行为本身就很奇怪，首先，直筒式听诊器对他来说毫无用处，他一直都只使用双耳式听诊器；其次，他所有的医疗器械和仪器都放在抽屉里，却把这个听诊器放到了外面。然而，他没有再多想这件事，直到有一天，一个病人唤起了他对这件事的注意。这位病人从来没有见过木制听诊器，问医生这是什么。听到回答后，她又问他为什么把它放在那里。他随口回答说，放在哪里都一样。事后，他开始思考，想知道自己的行为是否存在无意识动机。由于对精神分析方法感兴趣，他让我调查此事。

"他最先想到的，是一个医学院的学生，在医院实习期间，这位学生总习惯在查房时带上这样一个直筒式听诊器，却从来没有用过。他非常崇拜这位实习生，并且非常依恋他。后来，他自己做实习生的时候，也养成了同样的习惯。如果出门时忘记拿这个东西，没有它在手上可供挥来挥去，他会感到不自在。这个习惯并没有目的性，因为他不会用到它，他所使用的是一个随身放在口袋里的双耳式听诊器。后来，他去了外科实习，根本不需要听诊器，但他还是保留了这个习惯。

"从这一点可以明显地看出，这里所讨论的器械，从某种意义上说，被赋予了比平时更大的心理意义。换句话说，对于当事人来说，它所代表的意义远大于它对其他人的意义。这个想法一定无意识地与其他某个想法联系在一起，这才是它所象征的，并从中获得了额外的意义。在进一步的分析之前，我可以先说一下这个次级想法是什么（它与生殖器有关）。下面，我就讲一讲这种奇怪的联想是怎样形成的。

　　"如果不带上这个听诊器，他在医院就会很不自在；只要听诊器在身边，他就感到轻松，像吃了定心丸。这种情况，与所谓的'阉割情结'相关，也就是说，一种童年时期的恐惧，延续了下来，以变相的形式进入成年生活，他唯恐身体中的这个私密部分被夺走，就像玩具常常被夺走一样。这种恐惧来源于父亲的威胁：如果他不是一个好孩子，特别是在某一方面，他的生殖器就会被切割掉。这是一种非常常见的情结，是神经症发作的普遍原因，以及成年后缺乏自信的缘由。

　　"接下来出现的是他的一些童年回忆，与他的家庭医生有关。小时候，他一直很依恋这位医生。在分析期间，一些长期隐藏的记忆又浮现出来。在他四岁时，他的妹妹出生了，他因此产生了双重幻想。一方面，他幻想这是他和他母亲的孩子，父亲被降级到了次要地位；另一方面，他又幻想这是他和这名医生的孩子。如此一来，他同时扮演了男性和女性的角色。[①]当时，这件事激起了他的好奇心，他情不自禁地去留意它；他注意到，医生在这个过程中扮演着重要的角色，而父亲则居于次要位置。下面，我们就来看看，这种位置关系对他后来的生活具有什么重要意义。

---

　　① 随着对婴儿期遗忘的了解，精神分析研究不再像以前一样，把这种明显的早熟看作一种十分异常的现象。——原注

"听诊器联想的形成，是通过许多联系来完成的。首先是这个器械的外观——它是又直又硬的空心管，顶端是小球状，底端是宽的。它是一种重要的医疗器具，医生会用它来展示神奇而有趣的绝技。因此，这一物件很重要，作为一个男孩子，他注意到了它。六岁时，这个医生多次为他检查胸部。医生的头靠近他的胸前，把木制听诊器放在上面，听着一起一伏的呼吸节奏，这时，他心中春情荡漾。这种感觉，他现在还清楚地记得。这位医生习惯把听诊器放在帽子里，这一点给他留下了深刻的印象。他觉得很有趣的是，医生会把他的重要器具藏在身上，为病人诊治时，他只需摘下帽子（帽子是衣物的一部分），'把它掏出来'。八岁时，一个年龄较大的男孩告诉他，这个医生喜欢和自己的女病人上床，这也给他留下了深刻的印象。毫无疑问，这位医生年轻又英俊，很受邻里女性们的欢迎，当然也包括当事人的母亲。因此，在他整个童年时期，这位医生和他的'器具'，一直是他感兴趣的对象。

"与在许多案例中一样，对这位家庭医生的无意识认同很可能是决定当事人选择职业的主要动机。在这里，有两个条件：①在某些有趣的情况下，医生比父亲更有优势，当事人因此产生了嫉妒；②医生了解禁忌话题①，以及他有机会享受被社会所不容的放纵。我们的当事人承认，他曾多次受到女病人引诱；有两

---

① 这是一个医疗术语，常常用来代替"性问题"，是它的委婉说法。——原注

次，他陷入了爱河，并最后娶了其中的一个。

"接下来的记忆是一个梦，其本质很明显是同性恋受虐。在这个梦中，一名男人，作为这位家庭医生的替代角色，用'剑'攻击了他。'剑'这个理念，经常出现在梦中，与上面提到的木制听诊器，代表着同一种东西。'剑'让他想起了《尼伯龙根之歌》①中的故事：西格德（Sigurd）睡觉时，出鞘的剑就放在他和布伦希尔特（Brunhilda）中间。这个情节总引起他丰富的遐想。

"症状性行为的含义现在终于清楚了。当事人把他的木制听诊器放在他和病人之间，就像西格德把他的剑（相同的象征符号）放在他和他不能触碰的少女之间一样。这种行为是一种妥协，一方面可以满足他压抑的愿望，让他能够想象和迷人的女患者建立更亲近的关系（阴茎的干预）；另一方面可以提醒他，这个愿望不会成为现实（剑的干预）。可以说，它是一个护身符，帮他抵御诱惑。

"我还要补充的是，下面这段话出自利顿（Lytton）勋爵②的《黎塞留》，当他还是个男孩时，就对这段话留下了很深的印象。

　　在那些伟人的统治背后，

---

　　① 德国英雄史诗，是中世纪德国文学中流传最广、影响最大的一部作品。
　　② 利顿（1803—1873），英国政治家、诗人、剧作家。后面提到的《黎塞留》是他的一部戏剧。

笔比剑的力量更强大。①

"他是一名多产的作家，使用的自来水笔异常大。当我问他，为什么要用这么大的笔时，他的回答很有特色：'因为我要表达的东西很多！'

"这一分析再次提醒我们，我们可以从这些'无害'或'无意识'的行为中获得真知灼见，而且象征化倾向从生命的很早阶段就已经开始发展起来了。"

下面这个例子，是一个玩弄面包屑的案例，也是我在为病人进行心理治疗时遇到的情况。这位病人是一个男孩，还不满十三岁，歇斯底里症发作已有两年时间。之前，他在一家水疗机构治疗了很久，但病情都不见起色，最后，我让他进行精神分析。我猜想，他一定是在性方面遇到了什么事，这一点也和他的年龄相吻合，而且他一直被这方面的问题所困扰。但是我一直很谨慎，在进一步证明自己的假设之前，不想武断地做出解释。因此，我很好奇自己想要的信息会以何种方式出现在他身上。

一天，我突然发现他的右手手指一直在动，好像在揉捏着什么；有时，他会把手塞进裤兜里，在里面继续玩，然后又把它拿出来，一直重复这样的动作。我并没有问他手里有什么，但他突

---

① 参见奥尔德姆所写"我随身带着我的笔，就像别人随身带着他们的剑一样"。——原注

然摊开手，拿给我看。原来是被揉成团的面包屑。下一次来做精神分析时，他又带了一团来。我们谈话时，他闭着眼睛，却以惊人的速度捏出了一个人像，这一点引起了我的兴趣。毫无疑问，他捏的是一个侏儒，像粗野的史前神像，有一个头，两只胳膊，两条腿，两腿之间有一个东西，被他拉得很长。

这个人像还没有完全捏好，但他又把它揉成一团。后来，他又捏了一次，才把它保留了下来。但他在人像的背上和其他部位也捏出了许多这样的小东西，想掩饰他第一次想要表达的意思。我想让他知道，我理解他的意思，但同时，我不想让他有借口逃避，装出捏这个人像时什么也没有想的样子。出于这个目的，我突然问他是否记得关于罗马国王的一个故事，说的是他在花园里通过打哑谜回答了儿子派人来询问的问题。

这个男孩最近了解了很多这样的事，但他不愿回忆起它们，于是问道是不是一个关于奴隶的故事，答案就写在他光秃秃的头骨上。我告诉他："不，你说的那是一个希腊历史故事。"接着，我把这个故事告诉了他。

"塔尔奎尼乌斯（Tarquinius Superbus）国王让他的儿子塞克斯图斯（Sextus）潜入一座拉丁城市。儿子在那里站稳脚跟后，便派使者向国王询问，下一步应该怎么做。国王没有回答，走到了花园里，默默地摘下了最大、最美丽的那朵罂粟花。使者无计可施，只好把看到的一切向塞克斯图斯报告。塞克斯图斯明白了父亲的意思，暗杀掉了这座城市里最显赫的那些大人物。"

在我讲这个故事时，男孩没有再捏人像。我注意到，在我说到"默默地摘下"这几个字的时候，他迅速地扯掉了侏儒人像的头。因此，他明白我的意思，也表示他知道我也明白他的意思。终于，我们可以开诚布公，我也给了他想要的信息。不久，他的神经症就好了。

不管是在正常人，还是在神经症患者身上，我们都可以观察到无穷无尽的症状性行为，这些行为值得我们去关注的原因有很多。对医生来说，它们是值得注意的适应证，在面对新的、不熟悉的情况时，人们会借助它们来适应。对于热衷于观察的人来说，它们会暴露所有问题，有时甚至会超出他想了解的范围。那些了解症状性行为的人，就像东方传说中懂得动物语言的所罗门王，会了解到许多不为人知的秘密。

有一天，我去为一个年轻人做检查。之前，我并不认识他，做检查的地点是他母亲的家中。当他向我走过来时，我注意到他裤子上有一大团污渍。因为这团污渍的边缘凝固的方式很特别，我立即判断出那是蛋白质。尴尬片刻后，这名年轻人请我原谅，让我不要太在意这团污渍，说他声音哑了，因此喝了一个生鸡蛋，一些蛋清正好落到了上面。为了证实他说的话，他指了指蛋壳，就放在房间里的一个小盘子里。这个疑点便这样被搪塞过去了。后来，他母亲离开了，剩下我们两个人单独在一起。我感谢他积极地配合我的诊断，这时，他向我坦白，他裤子上的污溃其实是自慰造成的。于是，我们以此为话题，展开了进一步的讨论。

还有一次，我拜访了一位非常富有、也非常吝啬和愚蠢的女人，她总是不愿直接讲自己的病情，只会胡乱抱怨一通，医生不得不从中抽丝剥茧，找到她犯病的真正原因。当我走进她的房子时，她正坐在一张小桌子旁堆银币。她站起来迎接我，不小心撞到了桌子，一些银币滚落到了地上。我一边帮她捡起来，一边打断了她的诉苦，说："你的好女婿又花了你不少钱吧？"她激烈地否认了这一点，可是，几分钟后，她便开始诉说因女婿挥霍酿成的惨事。从那之后，她再没有派人来请我为她看病。我认为，如果你揭穿了他人症状性行为的意义，他们可能会不再愿意与你交往了。

在餐桌上观察同伴，我们也可以收获到很微妙、很有启发性的症状性行动。

汉斯·萨克斯（Hans Sachs）博士讲述了下面这个案例。

"一对我认识的老夫妇正在吃晚餐。这位女士有胃病，不得不严格地遵循健康食谱。丈夫面前放着一份烤肉，这是妻子不能吃的食物。他请妻子帮他拿一下芥末。于是，妻子打开壁橱，拿出一小瓶胃药，放在他面前。装芥末的玻璃瓶是筒状的，而胃药装在小滴瓶中，拿错瓶子这件事显然不能用这两个瓶子非常相似来解释。然而，一直到丈夫笑着提醒她，妻子才注意到这个错误。这一症状性行为的含义已不言自明了。"

提到下面这个案例，我要感谢维也纳的伯纳德·达特纳博士[①]，是他观察到了这个绝佳的案例，并巧妙地分析了它。

"我和我的同事H在一家餐馆吃饭。他是一名哲学博士，谈到了试用期学生会受到不公正的对待。他说，在完成学业之前，他就被任命为大使秘书，或者更确切地说，是驻智利特命全权公使的秘书（原文如此）。'但是，'他补充道，'后来，这位公使调职了，我并没有努力向他的继任者推荐自己。'说最后一句话的时候，他正把一块肉送到嘴边，但这块肉失手掉在了地上。我立即明白了这个症状性行为所隐藏的含义，对这位不懂精神分析的同事说：'哎，送到嘴边的肥肉掉地上了！'他虽然没有意识到我的话具有双关含义，但他若有所思地重复着我的话，露出一副既惊讶又深以为然的表情，好像这句话是从他嘴里冒出来的。

"'我确实是弄丢了送到嘴边的肥肉！'

"接着，他开始详细地讲述自己是怎样笨手笨脚丢掉这个差事的。"

最后，达特纳博士总结道："我和这个同事没有深交，因此，他无法毫无顾虑地向我提起这样的事。如此一来，这种被压抑的想法只能通过症状性行为表现出来。它象征性地表达了本想隐瞒的内容，说话者也从他的无意识中得到了解脱。"

---

① 达特纳（1887—1953），奥地利心理学家。

无意间带走一些东西也具有某种含义（原文如此），我们可以通过以下案例来看一看。

达特纳博士描述道："我的一位熟人去拜访一位女士。他年轻时很崇拜她，这是他在她结婚之后第一次去看望她。他向我谈到了这次拜访，并表示他本来只打算待一小会儿，但他并没有做到，这让他感到很惊讶。然后，他向我讲起了发生在当时的一件很奇怪的事。

"他们谈话时，这位女士的丈夫也一直在旁边。后来，她丈夫找不到自己的火柴了，但他确信火柴一直放在桌子上。我的熟人也找了自己的口袋，看看有没有不小心把火柴放进了自己的口袋里，但也没有。一段时间后，他在口袋里发现了这盒火柴，而且，令他惊讶的是，这个盒子里只剩下一根火柴。

"几天后，他做了一个梦，这个梦涉及他年轻时的这位朋友（这位女士），显示了盒子的象征意义，也印证了我的解释。通过这个症状性行为，我的熟人想要宣布他的优先占有权和独占权（盒子里只有一根火柴）。"

下面这个案例，来自汉斯·萨克斯博士。

"我们的厨师非常喜欢某种馅饼，这一点没人会质疑，因为只有在做这种点心时，她才会精心准备。某个星期天，她把这种馅饼端上桌，从烤盘里取出来，然后开始撒上一道菜的盘子。接着，她顺手把馅饼放在这堆盘子的最上面，带回了厨房。

"一开始，我们以为她发现了什么问题，需要端回厨房改进一下才上桌，但她一直没有再出现。我妻子打电话去厨房，问道：'贝蒂，馅饼怎么还没有端上来？'这个女孩完全不明白我妻子的意思，回答说：'什么馅饼？'我们不得不提醒说，她把馅饼带回了厨房。原来，她把它放在那堆盘子上，拿了出去，然后放到了一边，自己却'完全没有注意到它'。

"第二天，我们准备吃掉剩下的馅饼，我妻子注意到，它和前一天剩下的一样多。也就是说，虽然这是她最喜欢的点心，但那个女孩并没有吃属于她的那一份。当我们问她为什么没吃馅饼时，她有点儿尴尬，回答说，她不喜欢这种馅饼。"

在这两个案例中，我们都可以明显地看到一种幼稚的态度。在第一个案例里，当事人很孩子气，贪得无厌，拒绝与任何人分享她想要的东西。第二个案例，当事人表现出了怨恨的态度，这也很幼稚："如果你舍不得给我，你就自己留着吧，我一点儿也不要了！"

婚姻生活中出现的症状性（偶然）行为，往往具有非常重大的意义，一些不了解自己无意识心理的人，会因此相信预兆的存在。一个年轻女子在结婚旅行时结婚戒指不见了，这肯定不是一个好兆头，哪怕它只是被放错了地方、很快就找到了。

我认识一个女人，她现在已经离婚了，但是，很多年前，在她还没有离婚的时候，她就常常不自觉地用自己未出嫁前的名字来签账单。

有一次，我去一对新婚夫妇家做客，听到这位新娘笑着讲述她最近的经历。婚礼旅行回来的第二天，她丈夫去上班了，她约仍是单身的姐姐出来，像从前一样去购物。突然，她注意到街对面有一个男人。她轻轻地推了推姐姐，说："那不是L先生吗？"她居然忘记了，几个星期前，这个男人就已经是她丈夫了。

这个故事让我心生寒意，但我不敢妄加推断。几年后，他们以离婚而告终，不出所料，他们的婚姻并不幸福，我也才又想起了这个小故事。

下面这个例子出自一部法国作品，作者是一位叫作米德的先生。我觉得，这个例子也可以被归入遗忘的案例里。[1]

原文如下：

Une dame nous racontait récement qu'elle avait oublie d'essayer sa robe de noce et s'en souvint la veille Du marriage, à huit heur du soir, la couturière désespérait de voir sa cliente. Ce détail suffit à Montrer.

Que la fiancée ne se sentait pas très hereuse de porter une robe d'épouse, elle cherchait à oublier cette Représentation penible. Elle est aujourd'hui ... divorcee.[2]

---

① 米德，《日常生活中的心理学》，《心理学档案》，1906年。——原注
② 一位女士曾告诉我们，她忘记了去试穿婚纱，直到婚礼前一天晚上的8点钟，她才想起这件事。当时，女裁缝对见到她这位顾客已不抱任何希望了。这个细节足以表明，这位准新娘并不愿意去试穿婚纱，并企图忘记这件让她感到痛苦的事。果然，现在……她，离婚了。

一位懂得观察的朋友告诉我，伟大的女演员埃莉诺拉·杜丝（Elenora Duse）①在扮演一个角色时加入了一个症状性动作，从而使她的表演更加有深度。

这是一场偷情的戏。不久之前，她才和丈夫在一起谈话，现在，她一边等待着情人的到来，一边站在那里自言自语。这时候，她不停地摆弄着手上的结婚戒指，摘下来，又戴上去，但最后还是把它摘掉了。现在，她已经准备好去迎接另一个男人了。

我认识一位老人，他娶了一个年轻女孩。结婚后，他决定先在一家旅店住一晚，再出发去蜜月旅行。他们刚到旅店，他就惊恐地发现钱包不在自己身上，蜜月旅行要用的钱全都在里面。他一定是把它放错地方了，或者是把它弄丢了。他打电话联系了自己的用人，后者找到了这件丢失的物品，它就在老人换下来的一件大衣里。用人把钱包送到旅店，交给这位等待中的新郎。结婚时，他还真是一贫如洗啊！

我们可以自我安慰地想，"丢失东西"只是症状性行为的未知延伸，因此对于具有秘密意图的失主来说，它是受欢迎的行为。通常，它所表达的是对丢失物品的低评价，是心底深处对这个物品或其主人的反感，或者把想要弄丢这个东西的愿望通过象征联想从其他更重要的物体转移到它身上来。丢失贵重物品可以表达许多感觉：它既可以象征性地表现一种被压抑的思想，也就

---

① 埃莉诺拉·杜丝（1859—1924），意大利戏剧女演员。

是说，它可能会引发一个人们不愿听到的回忆，也可以表现对神秘的命运力量的献祭。要知道，我们对这种力量的崇拜并没有完全消失。①

下面是一些有关丢失东西的案例分析。

一位同事（达特纳博士）告诉我，他弄丢了一支用了两年的

---

① 下面提到的，是在正常人和神经症患者身上发现的另一些症状性行为。我有一位上了年纪的同事，很在乎打牌时的输赢。一天晚上，他输了一大笔钱。他表现得很克制，没有发火，也没有抱怨。在他离开之后，大家发现他几乎落下了自己所有的东西：眼镜、雪茄盒、手帕等。我们可以把这种行为翻译成下面的话："你们这些强盗，你们抢劫了我！"

一个男人时常会出现阳痿的情况，究其原因，是他在婴儿期与母亲的关系太亲密了。他提到，他习惯于用字母"S"来装饰小本子和便笺，因为"S"是他母亲名字的首字母缩写。他不能忍受把从家里收到的信与其他信件放在一起，他认为后者是不圣洁的，因此，他认为有必要把前者单独存放。

一名年轻女子突然打开了咨询室的门，但前一个来访者还没有离开。她向我们道歉，说自己"太大意了"，并请我们原谅她。很快，我们就发现，她这样做是因为好奇，就像她小时候闯入父母的卧室一样。

那些觉得自己头发很漂亮的女孩，很懂得如何巧妙地使用梳子和发卡。在与她们谈话的过程中，她们的头发会慢慢披散开。

治疗期间（睡在躺椅上），一些零钱会从男人们的口袋里掉出来——这就是他们打算用来支付这次治疗的费用。

有的人会落下东西在医生的办公室，如眼镜、手套、手提袋等。无论是什么东西，一般来说，都表示他舍不得离开，非常焦急地盼望着再回来。这也难怪欧内斯特·琼斯博士会说："我们可以通过一个医生在一个月内收集到的雨伞、手帕、钱包等东西的数量，来衡量他的治疗是否成功。"

最不需要耗费注意力的小习惯和小行为，例如上床睡觉前给时钟上调，离开房间时关灯等行为，偶尔会受到干扰，这清楚地展现了无意识情结的影响，以及最顽固的"习惯"。（下转第200页）

钢笔。这支笔质量很好，他也很喜欢它。

我们的分析如下：前天，他收到了一封姐夫寄来的信，信的内容非常令人不快。姐夫在信的最后一段中写道："现在，我不愿意，也没有时间来帮你这个又大意又懒惰的家伙了！"这封信给他造成了很大的影响，于是，就在第二天，他"献出"了姐夫送他的这支钢笔，以免受他的恩惠所累。

下面这个案例，来自布里尔。

"一位医生对我书里的一句话提出了异议，那句话是'我们永远不会丢失我们真正想要的东西'（《心理分析的理论和实操》，第214页）。他的妻子对心理学也非常感兴趣，和他一起

（上接第199页）

在《共生体》（Coenobium）这本杂志上，米德讲到了一位医院的内科医生，他因为有重要的事，在自己值班那天晚上悄悄离开医院，去了城里。回到家之后，他惊讶地发现自己房间的灯还亮着。原来，他在离开时忘了关灯，但这是以前从未发生过的事情。他很快就意识到了这种遗忘的动机：院长和他同住一栋楼，看到灯还亮着，他一定会认为他在家中。

有一个非常焦虑不安，而且时常抑郁发作的人肯定地对我说，如果这一天让他感到日子不好过，他就会忘了给手表上发条。通过这种方式，他象征性地表达出，他并不在乎能不能看到明天的太阳升起。

一个我不认识的男人给我写信说："经历了可怕的不幸，生活显得如此艰难和冷漠，我已经没有力气再活下去了。从那之后，我都会忘了给手表上发条，这是以前从来没有发生过的事情。过去，我总会在睡觉前上好发条，对我来说，这几乎不用去想，不知不觉就已经这样做了。只有在第二天有重要的事情时，我才会刻意注意这件事。'这也是症状性行为吗？我不知道应该如何解释它。'"

荣格（《早发性痴呆心理学》，彼得森和布里尔译）和米德（《新心理学——弗洛伊德及其学派》，1906年）都注意到了人们无意识随意轻声哼唱的歌曲。这些歌曲的歌词常常反应了哼唱者当时的心境。——原注

读了《日常生活中的精神病理学》中的一个章节。书中那些新颖的想法给他们留下了深刻的印象，而且对于书中的大多数观点，他们都非常赞同。但是，他并不同意前面提到的那句话。

"他对妻子说：'我在意那把刀，但它还是不见了。'他这里所说的，是一把珍贵的小刀，是妻子送给他的礼物。他非常珍惜这把刀，在刀不见时，他心里很难过。

"不久之后，他的妻子就找到了小刀丢失的原因，这个原因恰恰可以证明上面那句话的准确性。她送这把刀给他的时候，他心里并不愿意接受。虽然他认为自己相当开放，但他还是有一些迷信，觉得赠送或接受刀作为礼物不吉利，有点儿'一刀两断'的意思。他对妻子说了这种想法，妻子嘲笑了他，说他太迷信了。几年来，这把刀一直陪着他，直到后来丢失。

"分析表明，刀不见的那段时间，正是他与妻子争吵得最厉害的时期，他们甚至闹到了要离婚。他们的生活一直都很幸福，但后来，他的继女（这是他的第二次婚姻）来和他们同住，他自己的女儿制造了很多误会。就是在争吵最激烈的那段时间，他把刀弄丢了。

"无意识行为在这一症状性行为中得到了很好的展现。尽管他看似摆脱了迷信思想，但在无意识中，他仍然相信，他会和送刀给他的人'一刀两断'。把刀弄丢，是对失去妻子的一种无意识防御。他想通过牺牲这把小刀杜绝这种迷信说法变成现实。"

经过漫长的讨论，以及对梦境的分析①，奥托·兰克明确了献祭倾向具有深远动机。我们还必须指出，这种症状性行为往往是我们理解他人亲密关系的途径。

对于只出现过一次的症状性（偶然）行为，我要举出下面这个例子。就算我们不去分析它，它也显示出很深的含义。它清楚地解释了这些症状不经意出现的条件，也显示出依附于它的现实意义。

某一个夏天，我约好几个人一起出游，但他们要几天才能到达，于是，我就住在某个地方等他们。在那里，我结识了一个年轻人，他也是独自一人，很愿意与我交往。我们住在同一家酒店，自然一起吃饭，一起散步。

第三天下午，他突然告诉我，他的妻子会乘晚上的快车到达这里。他心态的变化引起了我的兴趣。那天早上，我提议出去远足，但遭到了他的拒绝，我们只出去走了一小会儿，而且，他不愿意走那条有些陡峭和危险的路。下午散步时，他突然说，我一定已经饿了，并强烈要求我不应该为了他推迟晚餐时间，陪他一起挨饿等着妻子。我明白了这个暗示，独自去就餐，而他也去了车站。

第二天早上，我们在酒店大厅相遇。他把我介绍给他的妻子，接着又问道："哦，你要和我们共进早餐，是吧？"当时，

---

① 《症状性行为：遗失》，出自《精神分析汇编》。——原注

我必须先去街上处理一些小事，但我向他保证，自己很快就会回来。办完事情后，我走进早餐室，看到这对夫妇坐在靠近窗户的一张小桌子上。他俩同坐一侧，对面只有一张椅子，但上面放着一件又大又重的男士大衣。我完全明白了这一无意识行为的含义，那件外套的摆放也很能说明问题："这里已经没有你的位置了，你是个多余的人。"

这位年轻人没有注意到我一直站在桌边，无位子可坐。但他的妻子注意到了，推了推自己的丈夫，低声说："哎呀，你的大衣占了这位先生的位子。"

我认为，此类无意识行为必定会不可避免地成为人际交往中引发误会的根源。一方面，行为的实施者并没有意识到相关意图，不会去考虑它们，也不会对自己的行为负责。另一方面，受到如此对待的人会从这些行为中得出结论，认为对方是有意为之。虽然前者不会承认或者相信他们这样做的意图，但后者会从他们的行为中了解到他们的心理过程。他们从这些症状性行为中得出结论，非常生气，但前者会说一切毫无根据，因为他无法从这些行为中看到任何意识意图，并抱怨对方误解了他。

通过仔细的研究，我们了解到，产生这种误解的基础是因为另一方太善于观察和理解了。施受双方越是"神经质"，越容易发生纠纷，因为一方明确否认自己不是这样，另一方却肯定他就是这样。

诚然，这是一种惩罚，谁让他内心那么不诚实，总以"遗忘"、失误或者突如其来的情绪来掩饰呢！我想，不能控制时，还是向自己和别人坦白更好。事实上，人们往往会不断地分析自己的邻居，因此，比起自己，每个人都更了解其他人。古希腊箴言说"γνωθι σεαυτον"（认识你自己）。要做到这一点，我们必须研究自己身上那些看似不经意的行为和疏忽。

第十章
错误记忆和行为

要把错记与遗忘和误记区分开，只能通过一个特征：当事人不会认为自己记错了，反而会去相信它。然而，使用"错误"这种表述，还取决于另一个条件。我们说"错记"而不是"误记"，因为在这里，我们强调的是需要被回忆起来的心理内容的客观现实性，也就是说，在这里，被记起的不是我自己心中的内容，而是通过他人的记忆来确认或否认的内容。从这个意义上说，错记的背后是由无知造成的。

在《梦的解析》①一书中，我记错了一些历史事件，尤其是一些重要的史实，但此书出版之后，我才发现它们，就令我倍感吃惊。经过仔细察看，我发现出现这些错误不是因为我的无知，而是可以追溯到一些可以通过精神分析来解释的错误记忆。

（1）在第361页，我指出席勒（Schiller）②的出生地为施蒂利亚州（Styria）的一个城市马尔堡（Marburg）。

发现这个错误，是我在分析一个梦的时候。做梦那天晚上，

---

① 后文中提到的页码，都参照布里尔所译版本。——原注
② 席勒（1759—1805），德国诗人、剧作家、哲学家，德国启蒙文学代表人物。

我正坐在火车上，忽然听到售票员大喊马尔堡站到了，我一下子醒了过来。在分析这个梦的时候，涉及席勒的一本书。但是，席勒不是出生在大学城马尔堡，而是出生在斯瓦比亚的马尔巴赫（Marbach）。天啊，我一直都是知道的。

（2）在第165页，我说汉尼拔（Hannibal）的父亲是哈斯德鲁巴（Hasdrubal）。这个错误让我感到特别恼火，但它最能证实我看待此类错误的观点。很少有人比我更了解巴卡家族的历史，我却犯下了这个错误，而且三次校对时都没有注意到它。汉尼拔的父亲名叫哈米尔卡·巴卡（Hamilcar Barkas）[1]，而哈斯德鲁巴是汉尼拔弟弟的名字。他的姐夫和前任指挥官也叫这个名字。

（3）在第217页和第492页中，我坚称宙斯（Zeus）削弱了他父亲克洛诺斯（Kronos）的权力，并夺取了他的王位。

我错误地把这件事延后了一代人。根据希腊神话，是克洛诺斯对他的父亲乌拉诺斯（Uranos）做了这样的事。[2]

怎样解释我会错记这些材料呢？我的记忆力很好，它也为我提供了很多不寻常的东西。经过三次仔细的校对，我都没有发现这些错误，好像眼睛瞎了一般。

---

[1] 哈米尔卡·巴卡（约公元前270—公元前228），迦太基将军、政治家、西班牙的开拓者，巴卡家族的第一代领袖，他的三个儿子汉尼拔、哈斯德鲁巴和马戈都是名将。

[2] 这个错误还有其他版本，在俄耳甫斯的版本中，的确是宙斯推翻了他父亲克洛诺斯的统治。——原注

歌德（Goethe）^①在谈到利希滕贝格（Lichtenberg）^②时说："他的玩笑中总隐藏着一个问题。"这句话同样适用于我的这本书：可以肯定的是，我引文中的每个错误背后都有被压抑的东西。或许，我们可以更准确地说，错误掩盖了源于压抑的虚假与歪曲。在分析那些梦的时候，因为梦中所涉及的主题特性，一方面，我被迫在尚未完成之前中断了一些地方的分析；另一方面，通过歪曲其大意来删除不慎重的细节。如果我要举例说明，我就必须这样做。梦的奇特性会限制我的处境，因为它们表达的是被压抑的想法，或者显示了无法意识化的内容。尽管如此，残留的这些内容已足以让那些敏感的人感到不舒服了。歪曲或隐瞒我所知道的这些想法不可能不留下任何痕迹。我想压制的东西经常违背我的意愿，冒出头来干扰我，表现为不易察觉的错误。事实上，上面给出的三个例子都有同一个主题：这些错误的起源，也就是被压抑的思想，都与我死去的父亲有关。

[对（1）的分析] 凡是阅读了第361页上所分析的梦的人，都会有所发现。也许他可以通过暗示信息推断，在出现对我父亲不利的批评指责时，我的分析中断了。如果沿着这种想法和记忆追溯下去，我们会看到一个让人恼火的故事。这个故事涉及一些书籍和我父亲在生意上的一个朋友，他的名字叫马尔堡

---

① 歌德（1749—1832），德国著名思想家、作家、科学家，古典主义代表。
② 利希滕贝格（1742—1799），18世纪下半叶德国的启蒙学者，杰出的思想家、讽刺作家、政论家、物理学家。

（Marburg），这也正是那个南部火车站的名字。我听到售票员大声叫着这个名字，然后从梦中惊醒。在分析时，我希望压制住这位马尔堡先生，不想让他在自己和读者面前露面。结果却让他闯入了不属于自己的地方，报了仇，还把席勒的出生地从"马尔巴赫"改为了"马尔堡"。

［对（2）的分析］我错把哈米尔卡这个名字记成了哈斯德鲁巴，但实际上，哈斯德鲁巴是哥哥的名字。这个错误源于一个联想，涉及我大学时代对汉尼拔的幻想以及我对父亲的不满。我当时很不满意他对"人民公敌"一事的态度。但后来我对父亲的态度发生了变化，那是因为有一次我去了英国，见到了我同父异母的哥哥，也就是我父亲前妻的儿子。我哥哥的大儿子与我同龄，于是，我突发奇想地认为，如果我是我哥哥的儿子，而不是我父亲的儿子，那该是多么开心的事啊！这个幻想虽被压抑了，但我却因此篡改了书中的内容，用哥哥的名字代替了父亲的名字。

［对（3）的分析］我把这个希腊神话故事延迟了一代人，也源于这位哥哥的影响。我哥哥常常告诫我说："你要注意自己的言行举止，不要忘了一件事，你实际上并不属于父亲的下一代，而更像是第三代人。"

他的这番话一直萦绕在我心头，挥之不去。是的，我父亲再婚时年事已高，在我哥哥眼中，他那时已经是老人了。因此，在谈到子女对父母的孝行时，我记错了这个典故。

有时也会出现这样的状况，朋友和病人把他们的梦告诉我，如果我也曾有同样的经历，那么我就不能准确地描述这些情况。这一点引起了我的注意。这些也是历史方面的错误。我重新审视了这些个案，发现只有当我想要故意歪曲或隐藏什么时，我对这些事实的记忆才会变得不可靠。在这里，我也会用一个未被察觉到的错误代替故意的隐瞒或压抑。

当然，我们还必须区分哪些错误是源于压抑，哪些错误是真的因为不知道。例如，有一次，我去瓦豪（Wochau）①旅行，我以为自己路过的地方是革命领袖费舍夫（Fischof）②的长眠地。其实，这两个地方只是名字相同，都叫埃默斯多夫（Emmersdorf），但费舍夫的那个埃默斯多夫位于克恩顿州（Kärnten）③。关于这一点，我是真的不知道。

下面这个错误令人尴尬，但很有启发性，你可以认为这个例子源于暂时性的无知。一天，一位病人提醒我，把之前答应给他的那两本关于威尼斯的书拿给他，他好用来规划自己的复活节旅行。我回答说，这两本书已经准备好了，然后就走进书房去取。但事实上我并没有把它们找出来，因为我不赞成这位病人外出旅游，认为这会对治疗造成不必要的干扰，也会让我这个医生蒙受物质损失。然而我不得不迅速地在书房里翻找。

---

① 位于奥地利多瑙河流域，是联合国教科文组织世界文化遗产地区，拥有美丽的自然风光。

② 费舍夫（1816—1893），奥地利政治理论家。

③ 奥地利最南部的一个州。

我找到一本《艺术之都威尼斯》（*Venedig als Kunststätte*）。除此之外，我记得还有一本类似的历史方面的作品，我找到了《美第奇家族》（*The Medicis*）①。我把这两本书拿给他，然后，我忽然意识到自己犯了错误。我当然知道《美第奇家族》与威尼斯没有任何关系，但在找到这本书的时候，我一点儿也没有意识到自己错了。现在，我不得不公正一些，因为在分析病人的症状性行为时，我就是这样做的。于是我向他承认了自己的错误，并诚实地坦白了不想他去旅行的秘密动机，这也许是可以挽回我威望的唯一办法。

许多人都会惊讶地发现，我是喜欢讲真话的。也许这是我的职业使然，我是一个做精神分析的人，不能撒谎。每当想要歪曲事实时，我就会犯错，或者做出一些没有根据的行为，内心的不诚实也就昭然若揭了。关于这一点，我已经在本章和前面的章节中举例说明过了。

在所有的失误行为中，错误的机制似乎最为浅显。这也就是说，错误的出现更能够表明，涉及的心理活动不得不与产生干扰的影响做斗争，哪怕错误的性质不需要确定，而产生干扰想法的特征仍然是模糊不清的。需要补充的是，同样的解释也适合于口误和笔误的情况。每当我们出现口误和笔误时，我们都可以得出结论：心理过程中出现了无意识的干扰。然而我们必须承认，口

---

① 佛罗伦萨15世纪至18世纪中期在欧洲拥有强大势力的名门望族。

误和笔误通常也遵循相似原则和便利原则，有加速的倾向，不会允许干扰因素在口误和笔误产生的错误中留下痕迹。使错误成为可能的是语言材料的反应性，这也成了它的限制。

为了避免所有例子都出自我个人身上，我会再举几个其他的例子。这些例子本可以归入"口误"或"错误行动"的范畴。当然，对于本章内容来说，它们也具有同样的价值。

（1）我禁止一位病人和他的恋爱对象通电话。他也想与她断绝关系，但每次通话后，他都会重陷纠结之中。他做出一个艰难的抉择，决定写信告诉她分手的决定。在一点钟时，他找到我，告诉我他已经找到了解决这个问题的办法。他问我，他是否可以提到我，说这是医生的建议。

在两点钟时，他正写着这封绝交信，突然他停了下来，对他的母亲说："哎呀，我忘了问教授，可否在信里提到他的名字。"他匆忙跑到电话前，接通了电话，问道："教授吃完饭了吗？我可以和他通话吗？"对方的回答让他大吃一惊："阿道夫，你疯了吗？"

电话那头传来的声音，来自我责令他不能再见的人。他犯了错误，并没有拨我的电话，而是打给了他爱的那个人。

（2）暑假期间，一位学校的老师对一名夏季住户的女儿展开了追求。这个年轻人没有钱。除此之外，他各方面都很优秀。后来，这个女孩也深深地爱上了他，她甚至说服了家人抛开地位和种族上的成见，允许他们结婚。

然而，有一天，这位老师给他的哥哥写了一封信。他在信中写道："论漂亮，这位姑娘完全算不上，但她非常亲切，其他也没有什么不好的地方。但是，她是一个犹太人，我举棋不定，不知道该不该和她结婚。"

不知何故，这封信寄到了他未婚妻那里，他们的婚约也因此中止了。与此同时，他哥哥却莫明其妙地收到了一封满是甜言蜜语的信。把这件事告诉我的人向我保证，这真的是一个错误，不是狡猾的把戏。

我还知道另外一个例子。一个女人不满意一直给自己看病的医生，但她并没有公然表示要解雇他。有一天，她把信寄错了，这个目标才得以实现。这一次，我知道她的确是搞错了，不是有意为之，故意利用这种滑稽的动机。

（3）布里尔说，一个女人向另一个人问起他们都认识的一个朋友，在称呼这个朋友时，她用了朋友出嫁前的名字。她注意到了这个错误，不得不承认她不喜欢这位朋友的丈夫，也一直不满这桩婚姻。

米德[1]提到了一个很好的例子，展示了被勉强压抑下去的愿望是如何通过"错误"得到满足的。

一位同事想完全不受打扰地享受自己的休假日，但同时，他觉得自己有义务去卢塞恩[2]看望某人。他觉得这次拜访不会是一

---

① 《精神分析档案的新贡献》，1908年。——原注
② 瑞士中部城市。

件让人开心的事，但经过长时间的考虑，他还是决定去那里。他从苏黎世[1]到了阿尔特戈尔道，然后在那里转车去卢塞恩。为了在火车上打发时间，他一直在看日报。转车不久，检票员就告诉他，他坐错了火车——也就是说，虽然他买了去卢塞恩的票，却上了一列从阿尔特戈尔道返回苏黎世的火车。

最近，我也玩了一个非常类似的把戏。我大哥住在英格兰的海边，我答应去他那里待上一段时间。因为时间仓促，我不得不选择最近的直达路线。我恳请他让我在荷兰逗留一天，但他认为我可以在回程时去那里。因此，我从慕尼黑经科隆[2]到鹿特丹[3]的荷兰角港，再从那里坐午夜的汽船到哈里奇[4]。在科隆时，我不得不换车。我下了车去找鹿特丹特快列车，却怎么也找不到。我问了好几个铁路工作人员，不停地从一个月台走到另一个月台，陷入了深深的绝望之中，心想我在这里徒劳无功地找来找去时，我要坐的火车已经开走了。

事情果然如此，于是，我想我是否应该在科隆过夜。这是我作为子孙的一片孝心，因为据我所知，我的祖先曾经在犹太人受到迫害期间被赶出了这座城市。但我最终还是做出了另一个决定，我另坐了一班去鹿特丹的火车。我很晚才到那里，因此不

---

① 位于瑞士中北部，是瑞士第一大城市和最重要的工商业城市。
② 慕尼黑和科隆均为德国城市。
③ 荷兰第二大城市。
④ 英国东海岸重要港口。

得不在荷兰待上一天，也实现了自己一直以来的愿望——去海牙（Hague）①以及阿姆斯特丹（Amsterdam）②皇家博物馆看伦勃朗③美轮美奂的油画。

第二天上午，我回忆起坐火车的经历，忽然清楚地记起，我在科隆火车站下车后，仅几步之遥，而且就在同一个月台上，我看到了一个很大的标志，上面写着"鹿特丹—荷兰角"，那就是我本应该继续乘坐的火车。

我违背了哥哥的命令，想在中途停下来去瞻仰伦勃朗的画作。于是，尽管指示牌非常显眼，我还是匆匆离开，到处寻找要坐的火车。如果没有理解这一点，人们可能很难理解我的行为，会觉得我一定是"被施了障眼法"。其他的一切——我的茫然，想在科隆过夜的一片孝心，都表演得很到位。但那只是一个诡计，试图隐藏我内心真正的决定，直到它实现为止。

人们可能会认为，我在这里解释的这类错误不会经常出现，而且也不是特别重要。但是，我请大家考虑一下，是否可以将同样的观点推广到一些更重要的事情上，如人们生活中的重大事件，或科学上的重要判断呢？只有极少数非常稳定的人，才有可能不歪曲从外部现实中感知到的画面。相反，在大多数情况下，感知到它们的人都会因为自身的心理原因而去扭曲它们。

---

① 荷兰第二大城市。

② 荷兰首都及最大城市。

③ 伦勃朗（1606—1669），荷兰画家，欧洲17世纪最伟大的画家之一，也是荷兰历史上最伟大的画家。

第十一章

混合性失误行为

我曾在前文中提到的两个案例：一个是关于我自己的，我把美第奇家族移到了威尼斯；另一个是关于一个年轻人的，他知道如何规避不让他给恋人通电话的命令。我认为我们对这两个案例的讨论并不充分，如果更仔细地思考这两个案例，它们会表现出遗忘和错误的结合。当然，我也可以用下面这些案例更清楚地展示这种结合。

　　（1）一位朋友向我描述了下面的事：

　　"几年前，我加入了某文学协会，还做了委员，因为我想该组织可能会协助我推出戏剧作品。尽管我对协会的例会全无兴趣，但还是会每周五准时参加。几个月前，有人向我保证我的一部戏剧将会在F城的剧院上演，从那时起，我就经常忘记参加协会的会议。每次读到他们的活动公告时，我都会很羞愧，责怪自己为什么这么健忘。我也觉得自己很无礼，一旦不再需要他们，就把他们抛在了一旁。因此，我下定决心，一定不会忘了下周五的例会。我一直不停地提醒自己，终于那一天到了，我也来到了会议室门口。但令我惊讶的是，门是锁住的！会议已经结束了。原来我把日子弄错了，那天已经是星期六了！"

（2）下面这个案例结合了症状性行为与误放，虽然这个消息来源有点儿远，但却是可靠的。

一位女士和她的姐夫——一名著名的艺术家，一起到罗马旅行。住在罗马的德国人热情地接待了他们，视他们为座上宾，也赠送了许多礼物，其中就有一枚古老的金质奖章。这位女士痛心地发现，她的姐夫并不重视这份美好的礼物。旅行结束回到家后，她开始收拾行李。这时，她发现不知什么原因，她居然把那枚奖章带了回来。她立即写信向她姐夫说明情况，并告知会在第二天把奖章寄回罗马。然而，第二天，这枚奖章却不知所踪，怎么也找不到，自然也就不能寄回去了。这位女士恍然大悟，这才了解到她"心不在焉"拿错这个东西意味着什么——她希望自己拥有这枚奖章。

（3）在下面这个例子中，失误行为一再重现，但同时它们的模式却一直在变。

琼斯把一封信放在桌上已经好几天了，一直忘了寄出去。终于有一天，他把它寄了出去，但是很快又被当作不能投递的信给退了回来，因为他忘记了写地址。他补上地址，再次投递了这封信，但它又被退了回来。这一次，他忘了贴邮票。这时，他才不得不承认，他根本无意把它寄出去。

（4）来自维也纳的卡尔·魏斯（Karl Weiss）博士[①]叙述了

---

① 《精神分析汇编》。——原注

这个涉及遗忘的案例，它很好地描述了在内心反对的情况下去做一件事是多么徒劳无功。

"现在，我们就来看看，如果无意识不愿意去执行一件事，为了达到这个目的，它会有多坚持不懈，同时，要对抗这种趋势又会是多么的困难！

"一位熟人向我借一本书，并让我在第二天带给他。我立即爽快地答应了，却明显地察觉到自己并不乐意。当时我并不知道这种感觉从何而来。稍后，我才想到了原因：很多年前，他曾向我借过一笔钱，但直到现在，也没有归还的意思。我没有再多想这件事，但是第二天中午我想起它时，心里还是同样不快。于是，我马上对自己说：'你的无意识想让你忘了这本书，但你不希望显得拒人于千里之外，因此，无论如何你都不要忘了。'我回到家，用纸把书包好，放在桌上离我很近的地方，然后开始写信。

"过了一会儿，我起身出门，没走了几步，就想起把要寄的信忘在桌上了。（顺便提一句，我之所以忘了这些信，是因为其中的一封要寄给怂恿我去做一些不愉快的事的人。）于是，我转回家中，拿了信，再次离开。上电车后，我突然想起答应为妻子买点东西，心中窃喜这个东西并不大，只有一个小包。我由这个'小包'联想到了'书'，才注意到自己没有把书带在身上。第一次出门时，我就忘了。回去取信的时候，它离得那么近，我竟然还是没有注意到。"

（5）下面这个案例是奥托·兰克观察到的，我们在充分分析后发现，它显示了类似的机制[1]。

本案例的主诉是一名一丝不苟、学究般严谨的人，他认为这件事非同寻常，值得注意。

一天下午，他走在街上，想要看看现在几点了。这时，他发现自己把手表忘在家里了。在他的印象中，这样的事情从来没有发生过。因为他还有其他事，没有时间回家取表，就去了一位女性朋友那里，借了一块表晚上用。这是解决这个问题最好的办法，因为他们之前已经约好第二天见面，因此他可以在第二天顺便把表还回来。

但是，第二天，他来还表时发现自己把那块表忘在家里了，只带了自己的表。他心里暗下决心，一定要在当天下午把表还回去。下午，他的确把表还了回去，但是，当他准备离开想看看时间时，他又惊又气地发现，他又忘记戴自己的表了。

对于一个秩序井然的人来说，一再犯下这种错误，似乎太不正常，有些病态了。因此，他非常焦急，想了解这件事背后的心理动机。当被问及第一次忘记戴表那天他是否经历过什么不愉快的事，以及这件事涉及哪个方面时，动机很快就浮出了水面。他说，午饭后，他和母亲交谈了一会儿，之后不久，他便离开了家。母亲告诉他，他们那个毫无责任心的亲戚，就是那个让他十

---

① 《精神分析汇编》。——原注

分担心也给他带来不少经济损失的人，典当了自己（那个亲戚）的手表。但是，现在，亲戚家又需要那块表，于是想找他借钱赎回来。这笔"强制性"借款让他十分痛苦，也让他想起了这位亲戚多年来犯下的那些令人不快的事件。

由此可见，他的症状性行为有多种决定因素。首先，它呈现了一系列想法："我不允许他这样敲诈我的钱，如果他需要表，我把自己的留在家里就是了。"但是，由于晚上需要出门赴约，他也需要手表看时间，这种意图便只能在无意识中以症状性行为的形式出现。其次，遗忘表达了以下情绪："这个一无是处的家伙，简直就是一个无底洞，再多的钱也填不满！终有一天，我会被他毁掉，不得不放弃一切！"虽然愤怒只持续了一会儿（根据当事人的说法），但是，这种症状性行为一再重演，这就表明它在无意识中越演越烈，也等同于一种意识表达："这件事一直在我脑中挥之不去。"①后来，这位女士的手表也遭遇了同样的待遇，这一点已不会让我们感到惊讶，因为我们已经对这种无意识态度有了充分的了解。

当然，当事人忘记把手表还给这位"无辜"的女士，可能还存在其他特殊动机。我想"最大的可能"是他想把这块表据为己有，来补偿自己牺牲的手表，这才忘了在第二天把它送还回去。另外，也可能是他想留下这块表作纪念，看到它就像看到了这位

---

① 这种无意识中的持续行为曾经在错误行为之后以梦的形式表现出来，另一次是重复，或更正遗漏。

女士。此外，如果他仰慕这位女士，把她的手表忘在家里，可以成为他再次去拜访她的借口。早上，他因为某事去拜访她，那是他们早就约好的，但他忘记把表带来还给她，这似乎在暗示他非常珍视这次会面，用来还表就太不适合了。

当事人两次忘记带自己的手表，只能借这位女士的表来代替，这也表明这位先生在无意识地避免同时拥有两块手表。显然，他不想看起来很奢侈，因为这会突显他与那位亲戚之间的差距，与他的贫穷形成鲜明的对比。他把这看作一种警告，告诫自己不要痴心妄想能与这位女士结婚。他提醒自己，他无法挣脱对家人（母亲）的义务，它们就像枷锁一样禁锢着他。

最后，遗忘这位女士的手表还有另一种可能。前一天晚上，他作为一名单身汉，羞于被朋友看到拿着一块女式手表，因此，看时间时，他只能偷偷摸摸。为了逃避再次经历这种痛苦，他不愿再随身带着它。但是，当他需要归还这块表的时候，症状性行为就会无意识地出现。这种症状性行为是矛盾情感之间相互妥协的产物，也是无意识实体花费巨大代价才得到的胜利。

在讨论这一案例时，兰克还关注到了"失误行为和梦"之间的有趣关系。但是，如果不能全面地分析与失误行为相关的梦境，我们是无法在这里对这种关系进行追踪的。我曾经梦见过丢钱包，这是一个非常详尽的梦。第二天早上穿衣服时，我发现它竟然真的不见了。在做梦的那一天晚上，睡前脱衣服时，我忘了把它从裤子口袋里拿出来，放在平时的地方，因此，这种遗忘对我来说并不陌生。也许，它是一种无意识想法的表现，这种无意识想法已经做好准备，出现在梦里了。

我无意断言这类混合性失误行为可以让我们了解到尚未在个案中看到的新内容。但是，这种失误行为在形式上的变化，尽管最后的结果相同，却也让我们看到，在意志朝着明确目标努力的时候，具有一种可塑性，并以一种强有力的方式反驳了失误行为所代表着的一些偶然的东西和不需要解释的观点。同样值得注意的是，意识意图完全不能检验失误行为是否取得了预期效果。尽管如此，我的朋友还是没去参加文学协会的会议，那个女人也发现自己不可能放弃那枚奖章。那些无意识内容抗击着人们所下的决心，如果此路不通，它们一定会找到下一个出口。它们所需要的，不是有意去克服未知动机的决心，而是心理工作，让这种未知变成已知，进入意识范畴。

第十二章

决定论—机会观—迷信观

在以上各章中，我们分门别类地讨论了各种现象，由此，我们可以得出一个普遍结论：心理机能的缺失（它们的共同特点我们将在后面讨论）以及某些看似无意的行为（在接受精神分析时，我们可以看到这些行为都有确切的动机），由人们意识不到的未知动机所决定。

可以归入这种分类并能解释失误心理行为的现象，必须满足以下条件：

（1）不得超出我们估计的判断范围，其表现必须在"正常范围"内。

（2）必须表现出瞬间和暂时干扰的特点。过去，这种行为没有出现过问题，或者，我们必须始终依靠自己正确地执行它们。如果有人指出我们做错了，我们必须马上认识到它是错的，需要被纠正，也要马上认识到我们心理活动的不正确性。

（3）就算我们认识到了它的错误，我们也意识不到它的动机，会把它解释为"疏忽大意"，或将其归因于"意外"。

因此，属于这一类的情况包括：遗忘和弄错自己了解的内容、口误、误读、误写、错误行为，以及所谓的偶然行为。我将用自己观察到的一系列现象来解释这些明确的心理过程，它们可能会在一定程度上引起大家进一步的兴趣。

如果我们不肯承认部分心理能力无法通过目的想法来解释，那么，我们就会无视心理生活中的决定论。事实上，无论是在这一领域还是其他领域，决定论的影响都远比我们想象的更加深远。1900年，我读到了《时代周报》上的一篇文章，作者是文史学家迈耶。他在文中指出，人们不可能有意或随意地胡编乱造，并举例说明了这一观点。一段时间以来，我一直都意识到，忽然想到一个数字或是一个名字，这种情况不可能是随意的。如果研究一下这种看似随意的情况，比如说，随意说出由几个数字组成的一个数，我们总会发现，它其实是早已决定好的，哪怕这种决定看起来不可思议。

下面，我先简要地说说一个"随意取名"的例子，然后再详细地分析一个"随口说出数字"的例子。

我准备出版一个病人的治疗案例，因此，我要为她想一个在文中使用的化名。我可以选择的范围很广，但我立即排除了某些名字——首先是她的真名，我也不愿用自己家庭成员的名字，其次是一些发音奇特的女性名字。除了这些名字，我没有必要担心找不到一个合适的名字。无论是我还是大家都会认为，我有一大堆的女性名字可用，但是，浮现在我的脑中的却只有一个名字，再无其他，这个名字就是"杜拉"（Dora）[①]。

　　我试着询问自己为什么会做出这个决定："还有谁叫杜拉呢？"我想抛开由此而来的一个想法，因为它太难以置信了，但我就是情不自禁地想到，我妹妹家的保姆名叫杜拉。幸好我有很强的自制力，也有精神分析的经验，于是，我牢牢地抓住这个想法，继续向前延展。紧接着，前一天晚上发生的一件小事很快闪现出来，这便是我要寻找的决定因素。当时，我在妹妹家的餐桌上看到一封信，上面写着她家的地址，收件人是"Rosa W. 小姐"。我很吃惊，问谁是Rosa W. 小姐。妹妹告诉我，保姆杜拉的名字原本叫Rosa，但她在这里工作时没有使用这个名字，因为我妹妹的名字也叫Rosa[②]。我同情地说："真是可怜！他们甚至不能保留自己的名字！"我沉默了一会儿，开始思考一些严肃的问题。当然，这些问题很模糊，现在它们却很容易地进入了我的意识之中。因此，当我需要为一个无法保留自己名字的人寻找一个名字时，"杜拉"成了唯一的选择。此外，这里的排他性还基于另一种很强的内部联系。在这个病人患病的过程中，家中的一个陌生人——她的家庭教师，对治疗过程产生了决定性的影响。

　　万万没有想到的是，几年后，这件小事竟然还有后续。在一

---

　　① 　《少女杜拉的故事：一个癔症案例分析的片断》是弗洛伊德精神分析的经典案例。

　　② 　弗洛伊德妹妹的名字，"Rosa"，通常翻译为"罗莎"，但为了与前文中的"罗森海姆"（Rosenheim）对应，本书中统一译为"罗森"。

次讲座上，我谈论起了杜拉这个案例，那时，这本书已经出版很多年了。我突然想到，这里有两位女学生，其中一个的名字也叫杜拉。我想到自己经常提到这个案例和这个名字，就转向这位年轻学生，向她道歉，说我没有想到她也叫这个名字，并表示要用另一个名字来代替它。

于是，我必须马上想出一个替代名。当然，我也不能用另一个女学生的名字，这样一定会给这些非常了解精神分析的学生授以话柄。因此，当我想到"厄娜"（Erna）这个名字时，我非常高兴，在课上就用到这个名字代替了"杜拉"。课后，我问自己，"厄娜"这个名字从何而来。当我注意到这个名字的来源时，不禁哑然失笑。在选择替代名时所担心的事情到底还是发生了，至少部分地发生了：另一个女学生的姓氏是卢塞尔纳（Lucerna），厄娜（Erna）这个名字，就来源于她姓氏的后半部分。

我写信告诉一位朋友，我已经完成了《梦的解析》这本书的校对，不打算再修改任何地方了，"尽管里面包含2467处错误"。

但是，我立即试图解释这个数字，并补充写了一篇小分析作为信的附言。原文如下：

"我会在另一本书中补充这个案例。我在信中提到《梦的解析》这本书出现了2467处错误，但是，你会发现，这个数字其实只是我的玩笑和随意的估计。我想说的是，不管这个数字有多大，它代表的只是它本身。但是，心中出现的任何内容都不是随意，或没有原因的。因此，你有理由认为，无意识急于确定下这个数字，让它进入意识之中。在此之前，我在报纸上读到E. M. 将军已从军械总监的职位上退休了。你一定知道我对这个人很感兴趣。在我还是军医大学的学生时，他就是一名上校了。有一次，他生病进了医院，对自己的医生说：'你必须在八天内让我好起来，我还有工作要做，皇帝正等着我呢！'

"那时，我就决定密切关注这个人的职业生涯，就在今天（1899年），他结束了军械总监的生涯，退休了。我想算一算他结束职业生涯的时间。假设我在医院见到他是1882年，那到现在就是17年了。我把这件事告诉了我妻子，她回答说：'已经过了这么长时间了，你也该退休了吧！'

"我抗议道：'上帝不会同意的！'

"结束这番谈话后，我就坐到桌前给你写信，但之前的那些想法还在继续发酵，而且我有理由相信，这个数字并不正确。我还清楚地记得当时的情景。我在军校监狱度过了自己24岁的生日（因未经许可离校）。因此，我一定是在1880年见过他，那已经是19年前了。我指出的2467这个数字中，有数字24！我现在的年龄是43，在这个数字上加上24，就得到了67！也就是说，对于我是否想退休这个问题，我已经表达了自己的愿望，希望再工作24年。显然，我很气恼，因为在关注M上校这一大段时间里，我自己并没能取得很大的成就，然而幸运的是，他已经结束了自己的职业生涯，而我还大有可为。从这种意义上说，我也算是一个胜利者。因此，我们可以公正地说，即使是无意中抛出了2467这个数字，其中也不乏无意识的决定作用。"

这就是我要讲的第一个案例。我们分析解释的是一个看似随意选择的数字。这之后，我又遇到了许多类似的情况，经检测，结论也相同。但是，大多数案例都涉及了隐私，并不适合报告出来。

鉴于这个原因，我要补充下面这个例子，它是阿尔弗雷德·阿德勒[①]（维也纳）博士从一个"完全健康"的男人那里得到的资料，非常有趣地分析了一个"偶然出现的数字"。[②]

A在给阿德勒的信中写道：

"昨天晚上，我全神贯注地读着《日常生活中的精神病理学》，要不是遇到下面的事，我肯定会一口气把它读完。当我读到'出现在意识中的每一个数字，看似随意，其实都有明确的含义'这句话时，我决定检验一下它的正确性。这时，我想到了一串数字，1734。接着，我联想到1734÷17=102，102÷17=6。然后，我又将这个数字分为17和34。我今年正好34岁……我相信我曾经告诉过你，我觉得过了34岁就不再是青年人了，因为这个原

---

　　① 阿尔弗雷德·阿德勒（1870—1937），奥地利精神病学家，人本主义心理学先驱，个体心理学的创始人。曾追随弗洛伊德探讨神经症问题，但也是精神分析学派内部第一个反对弗洛伊德的心理学体系的心理学家。
　　② 阿尔弗雷德·阿德勒，《由数字想到的三种心理分析及强迫性数字》，1905。——原注

因，我在这年生日那天感到很悲伤。17岁之后，我开始觉得自己生活得很好，也很有趣，因此，我用17年来划分我人生的每个阶段。这个划分意味着什么呢？数字102让人想起了雷克拉姆万有文库①的102号是奥古斯特·冯·柯策布②的戏剧《人类的仇恨和忏悔》。

"我目前的精神状态就可以用'人类的仇恨和忏悔'来形容。万有文库的第6号（我记得这里的很多编号）是穆勒的《罪恶》。只要一想到我自己犯了错，没能发挥出我的潜力，成为我本可以成为的人，我就很懊恼。

"然后，我问自己：'万有文库的第17号是什么呢？'我记不起来了。但我肯定，我以前是知道的，所以我猜想我是想忘记这个数字，再怎么努力回忆也是徒劳。我想继续读书，但我只傻傻地看着这些字，完全不能明白它们的意思，这个第17号搞得我心烦意乱。我熄了灯，继续想。终于，我突然想起第17号一定是莎士比亚的戏剧。但它是哪一出呢？我想到了《海洛与利安德》。显然，这是意志力的诡计，它试图愚蠢地分散我的注意力。于是，我起身查阅了万有文库目录，第17号竟是《麦克白》③！令我惊讶的是，尽管我对这出剧的兴趣并不亚于我对莎

---

① 德国雷克拉姆出版社出版的著名丛书，涵盖了德国文学、世界文学和哲学三个领域，以黄色封皮为标志。

② 柯策布（1761—1819），18世纪末到19世纪初德国最受欢迎的剧作家。

③ 莎士比亚四大悲剧之一。

士比亚的其他戏剧，但我竟一点儿也不了解它的剧情。我只想到谋杀、麦克白夫人、女巫、美即是丑，另外，想到我觉得席勒版的《麦克白》非常好。毫无疑问，我希望自己忘了它。然后，我突然想到17和34都可以被17整除，得数分别是1和2。万有文库的1号和2号是歌德的《浮士德》。以前，我曾在自己身上发现了很多像浮士德的地方。"

令人遗憾的是，从这个医生的分析中，我们并不能发现这些想法有何重要意义。阿德勒评论说，这名男子没能成功地整合他的分析。如果他的分析并不能为我们提供理解1734这个数字和整个一系列想法的关键点，那么，他的这些联想根本不值一提。

讲述继续："今天早上我遇到一件事，可以肯定的是，这件事充分说明了弗洛伊德的观点是正确的。晚上下床翻目录时，我不小心把妻子弄醒了。她问我什么要看万有文库的目录。我把事情的原委告诉了她。她觉得一切都是歪理，但是非常有趣。《麦克白》给我带来了这么多麻烦，但她竟完全没有注意，只说，如果让她想一个数字，她肯定脑中一片空白。我回答说：'那就让我们试试吧！'她说出了数字117。对此，我马上回答说：'17是我刚才告诉你的那个数字，还有我昨天对你说过，妻子82岁，丈夫35岁，这里面一定有问题。'在过去的几天里，我一直取笑妻子，称她是一个82岁的老妈妈。82+35=117。"

这时，这个男人恍然大悟，突然明白了自己为什么会想到那个数字。事实上，他的妻子也非常明白丈夫想到的数字从何而来，并据此选择了自己的数字。他们两人选择的数字，涉及了他们的相对年龄。如此一来，要解读这个男人想到的数字就不是难事了。正如阿德勒博士所说，它表达了"丈夫被压抑的愿望"，即"对于我这样一个34岁的男人来说，17岁的女人才最合适"。

如果有人不相信，认为这只是无稽之谈，那么我要告诉你的是，最近，阿德勒博士告诉我，这个案例分析发表一年后，这名男子与妻子离婚了。①

对于强迫性数字的生成，阿德勒博士也给出了类似的解释。同样，挑选出所谓"最喜欢的数字"，也与当事人的生活，以及某种心理不无关系。有这样一位绅士，他特别偏爱数字17和19。稍做思考后，他想到在17岁时，他被大学录取，终于实现了夙愿，可以自由地进行学术研究了。19岁时，他旅行去了很远的地方，那是他第一次远行，此后不久，便有了自己的第一个科学发现。但是，对这两个数字的偏爱被固定下来，却是后来的事了。碰巧的是，这两个数字在他的"爱情生活"中也扮演了重要的角色。

我们会因为特定的联系经常或看似随意地使用一些数字，但事实上，对于这些数字，我们都可以通过分析追溯到它们意想不到的含义。我有一个病人，特别喜欢说"我已经告诉过你17到36

---

① 在提到万有文库的第17号《麦克白》的时候，我得知这个男人17岁时加入了一个无政府主义组织，以推翻君主为目的。这也许就是他忘记《麦克白》剧情的原因。当时，他还发明了一种密码，用数字来代替字母。——原注

次了"。有一天，他忽然意识到了这一点，便问自己，这里面是否隐含着什么动机。他很快就想到，他生于某个月的27号，而他弟弟的生日是另一个月的26号。他常常抱怨命运不公，从他那里剥夺了诸多权利，却把这些东西给了他弟弟。因此，他在自己的出生日期上减去10，加到了弟弟的出生日期上，得到了17和36。他想表达的是：我是哥哥，却遭到了"克扣"。

对于分析偶然出现的数字，我还想多啰唆几句，因为这种情况最能说明，即便是在意识对思维过程一无所知的情况下，思维过程也可以组织得井井有条。此外，在这样的案例分析中，立场的细微迹象——一种经常受到指责的问题，显然没有被纳入考虑。因此，我要在这里报告我一个病人（征得他同意）的案例，也是对偶然出现的数字进行的分析。另外，我要说明的是，他父母生了许多孩子，他是幼子，在他很小的时候，他的父亲就过世了。

每当他心情很好的时候，426718这个数字就会出现。于是，他问自己："嗯，这个数字代表着什么呢？"首先，他想到了听过的一个笑话："如果你得了鼻黏膜炎，靠医生治疗，42天后会康复。如果不治疗，6周后会康复。"这对应着这串数字的前几位（$42 = 6 \times 7$）。之后，我请他注意，他选择的这个6位数字，加上3和5，便是1到8的所有一位数。他立刻解释道："我们家总共有7个孩子，我是最小的。按孩子出生顺序排列，数字3是我姐姐A，5是我哥哥L，他们都是我的敌人。小时候，我每晚都向上帝祈祷，请他把这两个害人精带走。这个数字满足了我的心愿：没有3和5——讨厌的姐姐和邪恶的哥哥，他们不见了。"

"如果这两个数字代表了你的哥哥和姐姐，末尾那个18又是什么含义呢？你们家总共只有7个小孩。"我问。

"我常常想，如果父亲活下来，我就不会是家里最小的孩子。如果还有孩子出生，我们就该有8个，还会有一个比我小的孩子，那我就是他的哥哥了。"

这样一来，这个数字也得到了解释，但是，我们仍然希望找出第一部分解读和后面部分的关系。从最后两位数的含义中（如果父亲活下来），我们并不难看出其中的联系。"42=6×7"表达了对医生的奚落，因为医生没能治好父亲的病，他也以这种方式表达了想父亲继续活下去的愿望。整个数字（426718）对应了他对原生家庭的两个愿望：希望坏哥哥和姐姐死去；希望有一个小弟弟降生。或者，我们可以简要地表达为：如果死的是那两个人，而不是父亲，那该有多好啊！①

下面这个对数字进行分析的案例，引自琼斯的作品。②

琼斯认识一位绅士，他头脑中出现了986这个数，于是就此展开了联想。

文中写道："六年前，他记得是有史以来最热的一天，他在晚报上看到了一则笑话，说温度计显示为华氏98.6°，显然，这

---

① 为了简单起见，我省略了病人一些不适宜的想法。——原注

② 同上引，第36页。——原注

是对华氏98.6°的夸大。当时我们正坐在火前取暖，他往后退了退，说是高温唤起了他沉睡的记忆，让他想起了这个笑话。他说得或许没错，然而，我却很想知道，为什么这个记忆如此生动，如此这般就浮现出来了，因为对于大多数人来说，它肯定会被忘掉，难以记起，除非它与其他的重要心理体验相关。

"他告诉我，看到那个笑话时，他放声大笑，后来又想起很多次，都觉得兴味盎然。显然，这个玩笑非常浮浅，并没有那么可笑，这使我更加相信，后面还隐藏着许多东西。接下来，他又想到，热总让他印象深刻，热是宇宙中最重要的东西，是所有生命的源泉，等等。他是一个乏善可陈的人，却在这个问题上有如此不寻常的态度，的确需要好好解释一下。于是，我请他继续自由联想。接着，他想到工厂的烟囱。从他的卧室望出去，就可以看到这个烟囱。傍晚时，他常常站在那里，看着火焰和烟雾从里面冒出来，反思这种能源浪费，觉得很可悲。热、火焰、生命之源、浪费重要能量，看它从一根直立空管道里释放出来，我们不难从这些联想中推测，热和火的理念在他心中无意识地与爱联系在一起，这也是象征性思维常常出现的情况，而且这里存在着强烈的手淫情结，这一点也得到了他的确认。"

如果想要更好地理解数字材料在人的无意识中发挥的作用，可以读一下荣格[1]和琼斯[2]的两篇文章。

---

[1] 荣格，《对数字梦的分析》。——原注
[2] 琼斯，《无意识对数字的操控》，1912年。——原注

在我对自己遇到的这类问题进行分析的时候，有两点让我印象特别深刻。首先，它像梦游症一般确定。我会借助这种确定性全力指向未知的目标点，再结合稍后会突然扩展到所寻找数字的数学思路。整个事件发展的速度也很快。我可以在无意识中自由地支配这些数字。事实上，我对数字很不敏感，很难有意识地回忆起年月日、门牌号等。此外，无意识地操控这些数字的时候，我发现了一种迷信倾向，但有很长一段时间，我都不知这种倾向从何而来。

除了数字，常常在脑中出现的各类词语也都受到了某些决定因素的影响。我们来看看下面布里尔讲到的这个例子。

"在把这本书翻译为英文时，我忽然迷上了卡尔迪拉克（Cardillac）这个奇怪的词。因为忙于工作，起初我并不愿意留意它，但是，就像通常遇到这种情况一样，我完全无心去做其他的事，因为'卡尔迪拉克'一直在我的脑海中盘旋。我意识到自己拒绝承认它，只是一种阻抗，于是我决定去分析一下这个词。下面就是我由卡尔迪拉克产生的联想：卡尔迪拉克（Cardillac）—与心脏有关的（cardiac）—家乐福（Carrefour）—凯迪拉克（Cadillac）。

"'与心脏有关的'（cardiac）这个词让我想起了心痛。最近，一位医生朋友悄悄告诉我，他担心自己得了心脏病，因为他觉得心脏区域隐隐作痛。我非常了解他，因此立即否定了他的说法，并告诉他这是因为神经症发作，他身上的其他显性症状，也是神经症的表现。

"我要补充的是，就在他告诉我，他有心脏病之前，他谈到了一桩对他至关重要的生意，但这桩生意突然泡汤了。他是一个很有野心的人，感到非常沮丧，因为他最近遭遇了许多类似的挫折。然而，他的神经质冲突，早在这件不幸的事发生前几个月就显现出来了。父亲去世后，生意的重担都落到了他身上，只有靠着他的经营，生意才可能继续下去。他左右为难，无法抉择是进入商界还是继续从事他自己选择的职业。他的雄心壮志是成为一名成功的医生，然而行医多年，他的收入有起有落，并不令人满意。此外，父亲的生意虽回报有限，却比较确定。简而言之，他'站在十字路口，不知道何去何从'。

"然后，我想到了'家乐福'（Carrefour）这个词。在法语中，它是'十字路口'的意思。我突然想到，在巴黎一家医院工作时，我就住在家乐福街附近。于是，我现在明白了，所有这些联想与我都有着何种关系。

"我曾经决意要离开国立医院，首先，因为我想结婚；其次，我想做私人执业医生。这就引发了一个新问题。虽然我在国立医院做得很好，可以成为宣传的资本，但是，和其他处境相同的人一样，我也觉得自己所受的训练不太适合私人执业。专门接待有心理问题的病人是一个大胆的尝试，因为我既没有资金，也没有人脉关系。我甚至觉得，如果有病人来找我，我最好还是把他们推荐到医院去，虽然在家里为病人治疗很流行，但我对此其实没什么信心。尽管近年来心理治疗水平突飞猛进，但面对精神错乱等病症，专家们几乎还是无能为力。原因是他们看到这个病人时，他的病情通常已经很严重了，必须接受住院治疗。许多轻度的精神障碍，也就是所谓的疑似病例，虽占据了诊所和私人医生的大部分工作，但其实理应由心理专家来治疗。我对这类病知之甚少，因为这类病人很少，或者说，他们从来不会来国立医院。虽然我懂得怎样治疗神经衰弱（neurasthenia）和精神衰弱（psychasthenia），但是我觉得，这并不足以让我成为一名成功的私人医生。

"怀着这种心情，我来到了巴黎，希望在那里多学习一些精神神经症的相关知识，让我能够更好地以私人医生的身份执业，也能为我的病人做点什么。然而，我在巴黎的所见，并无助于改变我的心态。巴黎医院里的工作多是针对死去的身体组织，心理方面的问题一样得不到重视。于是，我开始认真地考虑要不要放弃心理治疗，专攻其他方面。可以看到，我遇到了和那位医生朋友一样的困境。我也来到了一个十字路口，不知道该往哪儿走。幸运的是，这种举棋不定的情况很快就结束了。不久，我收到了我的朋友彼得森教授的来信。顺便说一句，就是他招募我进入国立医院的。信中，他劝我不要放弃现在从事的工作，并推荐我去苏黎世精神病院，他认为我可以在那里找到我想要的东西。

"但凯迪拉克（Cadillac）是什么意思呢？凯迪拉克是酒店名，也是汽车的名字。几天前，我和我的医生朋友想在乡下租一辆汽车，但是那里没有。我们都表示，希望能有一辆自己的汽车——这也是一个未实现的抱负。我也想起了圣拉扎尔街（St. Lazarre），我对它印象很深，那里是巴黎最繁忙的一条大道，总是车水马龙，川流不息。凯迪拉克还让我想到，就在几天前，在去我诊所的路上，我注意到一栋建筑上有一个大牌子，上面写着诸如'凯迪拉克即将入驻本大楼'之类的话。最初，我以为是凯迪拉克酒店，但仔细一看，我发现它指的是凯迪拉克汽车。这之后，我的思路停顿了。过了一会儿，凯迪拉克这个词再次出现，因为发音相似的缘故，我突然又联想到了'目录'（catalogue）这个词。这个词让我回想起了最近发生的一件事，是一件让人难为情的事，它的动机也和雄心受挫相关。

"如果要进行自我分析，人们必须做好心理准备，因为这个过程会暴露自己生活中的很多私事。只要仔细阅读过弗洛伊德教授作品的人，都会很了解他和他的家人。有人声称他们读过弗洛伊德的作品，但他们又会来问我'弗洛伊德贵庚''弗洛伊德结婚了吗''他有几个孩子'之类的问题。每当听到这样的问题，我就知道提问者要么是在撒谎，他们根本没有读过他的书，或者说得温和一些，他们没有认真去读他的作品，只蜻蜓点水般看了一下。这些问题，其实都可以在弗洛伊德的作品中找到答案。自我分析是最卓越的（par excellence）自传，但它们也有不同之处。自传作者可能会出于某种原因，有意识或无意识地隐瞒自己生活中的许多事实。自我分析者不仅会有意识地说出真相，而且一定会暴露自己的全部个性。正因如此，报告自我分析并不是一件令人愉快的事。然而，正如我们经常报告病人的无意识思想和举动一样，我们也应该在需要的时候做出一些牺牲，公平地暴露自己。在这里，我要向读者道歉，很抱歉我把自己的一些私事强行推给大家，但我也不得不这样继续下去。

"现在，让我们言归正传。在话题扯远之前，我提到'凯迪拉克'这个词的发音让我联想到了'目录'这个词。这个联想又让我想起了生命中另一件重要的事。这件事与彼得森教授有关。去年五月，教职员秘书通知我，我被任命为精神病学系的主任。不用多说，获得这样的荣誉，我自然万分高兴。首先，这是雄心壮志的实现。这种雄心，我只有在情绪特别高涨的时候才敢有。其次，这是对我在工作上遭到不当批评的补偿。要知道，我的工作遭到了一些人的挑剔，他们这些人总是盲目而不合理地反对我所做的事。听到这个消息后不久，我就去了院里的速记员那里，再次告诉她要修改印在医生名录上的名字。不知什么原因（可能是种族偏见），这位速记员，一个未婚女子，很不喜欢我。三年以来，我反复要求她更正名录上的名字，但她都没有理会我。她总是答应要改，但错误一直没有得到纠正。

"去年五月，我见到她，再次提醒她要更正这个错误，并提醒她注意，我已经被任命为主任了，现在特别希望自己的名字能够正正确确地被印在名录上。她为自己的疏忽道歉，并向我保证会按我的要求来处理。但在收到新名录时，我发现，虽然我的名字改正确了，但并没有标明我是主任。这让我又惊又恼。于是，我问她这到底是怎么回事。她表现得很困惑，说她不知道我被任命为主任了。她查阅了院里的会议记录（她就是那个做记录的人），这才确认这件事是真的。应该注意的是，她是院里的记录员，任命一确定，她就应该知道。[①]终于，她确认了我所说的话，感到非常抱歉，并告诉我，她会马上写信给门诊负责人，通知他我被任命为主任了。事实上，她几个月前就应该这样做了。当然，她的道歉对我来说并没有什么用处，名录已经印出来了，看到它的人不能在主任一列中找到我的名字。我是门诊的主任，名字却不在主任名录里。此外，这个任命只有一年时间，我的雄心壮志很有可能永远不会真正实现了。

"所以，我造出了卡尔迪拉克（cardillac）这个新词，它是与心脏有关的（cardiac）、凯迪拉克（Cadillac）和目录（catalogue）三个词的结合，包含了我在医生生涯中最重要的艰难尝试。分析快结束时，我突然想起了一个梦，梦中包含了这种新词，我的愿望也在梦中得到了实现。我的名字被正确地印在了它应该出现的位置上。在梦中，把它拿给我看的人，是彼得森教授。从医学院毕业时，我面对人生的第一次抉择，在我人生的第一个'十字路口'，是彼得森教授力劝我进医院工作。大约五年后，我又再次面临抉择（前文中提到的那一次），举棋不定，又

---

① 这里也很好地证明了，面对无意识阻抗时，意识意图是多么的软弱无力。——原注

是彼得森教授建议我去了苏黎世精神病院。在那里，我通过布洛伊勒和荣格认识了弗洛伊德教授，读到了他的作品。同样也是因为彼得森教授的好意推荐，我被提升到了现在的职位。"

我很感激赫斯曼（Hitschman）博士，他分析并提供了下面这个案例。在这个案例中，一行不明出处的诗反复出现在当事人脑中，让他完全找不出它的关联。

下面是赫斯曼博士的描述：

六年前，我从比亚里茨①去圣塞巴斯蒂安②。铁路横跨比达索阿河③，法国和西班牙也在这里交界。桥上的风景十分壮观，一侧是宽阔的山谷和比利牛斯山脉④，另一侧是大海。那是一个美丽而明媚的夏日。阳光普照，一切都显得那么明亮。我在度假，很高兴能去西班牙旅行。突然，我想到了一句话："灵魂已获自由，漂浮在光之海。"

我试图回忆起这句话出自哪里，但我想不起来。按节奏来看，它应该是一首诗里的内容，但我完全想不起来了。后来，这句诗反复出现，我问过很多人知不知道这句诗，但都一无所获。

去年，我从西班牙回程时，又经过了这座桥。那天，天色已

---

① 位于法国大西洋沿岸，是度假胜地。
② 位于西班牙北部。
③ 法国河流，流经法国和西班牙。
④ 位于欧洲西南部，是法国和西班牙的界山。

晚，还下着雨。我透过车窗望出去，想看看我们是否已经到达边境站，却发现我们还在比达索阿桥上。上面提到的那句诗又立马出现在我脑子里，但我还是没能想到它的出处。

回到家几个月后，我看到一本乌兰德①的诗集。我翻开这本书，目光一下子就落在了这句诗上："灵魂已获自由，漂浮在光之海。"这是一首名为《朝圣者》的诗的最末一句。我读了这首诗，隐约地回忆起多年前曾读过它。这首诗里的故事发生在西班牙，在我看来，这似乎是这句诗和我在路上想到它的唯一联系。我并不很满意这个解释，于是继续翻着那本书。翻到下一页时，我看到了一首诗，标题是《比达索阿桥》。

我要补充的是，对我来说，这首诗比上一首更加陌生。诗的第一段写道：

一位白发苍苍的圣人，

站在比达索阿桥上。

向右，他祈福，

为西班牙的山脉；

向左，他祈福，

为那片属于法国的土地。

一些名字、数字、词语，看似是随意选择的，但它们其实具有确定性。理解这种确定性，有助于我们找到另一个问题的答

---

① 乌兰德（1787—1862），德国浪漫主义诗人，他的很多诗歌和民谣都有民间故事的风格。

案。众所周知，许多人反对绝对的心理决定论，他们坚信，自由意志肯定是存在的。他们相信的这种东西的确存在，但它与决定论并不矛盾。像其他正常感情一样，它必须是有理有据的。但是，据我观察，在做严肃而重大的决定时，它并不会现身。在这些情况下，人们的心理非常容易冲动，也很容易受制于这种冲动。（想想马丁·路德①那句"我别无选择，这就是我的立场！"就明白了。）

此外，只有在做无关紧要的小决定时，人们才会产生确信感，觉得自己完全可以采取不同的行动，可以根据自己的意志自由地行动，也不受制于任何动机。从我们的分析来看，我们无须去争辩，他们当然有权认为自由意志是存在的。如果我们好好地区分一下意识动机和无意识动机，我们就可以肯定，我们所做的一些动作，的确不需要意识动机的参与，这有些"Minima non curat prætor"（执行官不问琐事）的意思。但是，这些动作虽然摆脱了一方，却从另一方——无意识——获得了动机，于是，决

---

① 马丁·路德（1483—1546），16世纪欧洲宗教改革运动发起人，德国宗教改革家。

定论贯穿了整个精神领域。^①

虽然意识想法完全无从知晓上述失误行为的动机，但是，我们仍然希望能从心理学上找到它存在的证据。实际上，随着对无意识有了更加深入的了解，我们完全有可能找到这些证据。事实上，这些现象可以在两个方面得到证明，其他方面似乎对应着无意识，并因此对应于被这些动机替换的认识。

（1）把别人行为中不重要的小细节看得极为重要，是偏执行为一个显著且普遍的特征。其他人常常会忽略这些细节，但偏执狂会诠释它们，并以它们为基础得出更深的结论。例如，上一次我见到了一个偏执患者，他认为人们都知道他要做什么，因为他离开火车站时，人们都向他举手示意。还有一个偏执患者，他总是十分关注人们如何在街上行走，如何挥动手杖这样的事。^②

这类偶然事件，没有动机，正常人不会在意它们，觉得它们只是一种心理活动，或失误行为，但是，偏执患者却不这样认

① 这种看似随意的活动，其实是由某些因素决定的。这种严格的决定论概念已在心理学领域以及司法领域，取得了丰硕的成果。根据这一概念，布洛伊勒和荣格创造了"词语联想测试法"。他们会给被试呈现一个单词（刺激词），被试对这个词做出反应（刺激词反应），他们再计算出刺激词出现和产生反应之间的时间差（反应时间）。荣格在他1906年出版的《词语联想测试研究》（Diagnostische Assoziationsstudien）中表示，这个联想实验可以看出人们微妙的心理反应。三名犯罪学学生，来自布拉格的H.格罗斯（Gross）、韦特海默（Wertheimer）和克莱恩（Kiein）从这些实验中发展出一种技术，用以检验刑事案件中的真相。现在，心理学家和法学家都会采用这种技术来进行检测。——原注
② 从另一个角度来看，患者如此诠释无关紧要的小事和偶然情况，被称为"关系妄想"（delusions of reference）。——原注

为，他们会把这些事看作故意针对他人的心理表现。他们觉得，在别人身上观察到的一切都具有意义，都是可以解释的。那么，他们为什么会以这种方式看待这些事呢？ 在这里，和在其他类似的情况下一样，他们把自己的无意识活动投射到了他人的心理活动中。许多事情都会强行闯入偏执患者的意识中，而对于正常人和神经质的人来说，这些事只在无意识当中，需要通过精神分析来证明它们的存在。①从某种意义上说，偏执患者的这种认识是合理的，他们感知到了一些正常人没有捕捉到的东西，有能力看得比普通人更明白。但是，当他们把自己认识到的事物状态强加给别人时，他们知道的东西就变得一文不值了。我希望，大家不要指望我为每一种偏执解释辩护。当然这里有合理的地方，就算是非病态性的判断错误，也以同样的方式获得确信感。这种感觉，对于错误思路的某些部分或对其来源，是有一定道理的。稍后，我们会把它延伸到其他的关系中。

（2）在偶然行为和失误行为中，迷信现象指向了另一种无意识动机。为了说明这一点，我会给出一个简单的例子，它也是我进行这些反思的起点。

在我度假回来后，我的思绪立即回到了我的病人身上。新年

---

① 例如，我们会通过精神分析把歇斯底里患者对于性虐待和痛苦虐待的幻想变得意识化，他们幻想的许多细节，往往都与受迫害的偏执患者的抱怨一致。值得注意的是——并非完全出乎意料——是那些变态者为满足他们的欲望而制造的情景，我们在现实中也会遇到。——原注

伊始，我要开始我的工作了。我最先拜访的是一位年龄很大的老妇人。多年来，我每天都去看她两次，为她做同样的事情。这千篇一律的工作太单调乏味了，因此，在去看她的路上，以及在为她治疗的时候，我的无意识想法常常会流露出来。她已经九十多岁了，因此，每年年初，我都会问自己，她还能活多久。

那天，我匆匆忙忙地坐着马车去她家。把马车停在我家附近的马车夫都知道这位老妇人的地址，因为他们都经常载我去那里。但那天，车夫却没有把马车停在她家门前，而是停在了附近门牌号相同的房子前。这条街与我要去的那条街平行，看起来也真的很像。我发现车夫停错了地方，责备了他，他也为此道了歉。

我被带到了其他的房子前，这有什么意义吗？当然，对我来说这并没有什么意义。但如果我是一个迷信的人，就会把它看作一个预兆，一种命运的暗示，预示着这将是老妇人的最后一年了。历史上记录下来的许多预兆也不过是建立在象征的基础上。当然，我把这件事看作一次意外，认为它并没有其他的意义。

但是，如果是我步行去，情况就会完全不同了，我"陷入沉思"或"心不在焉"，于是走错街道，来到了另外一幢房子前。在这种情况下，我不会把它解释为偶然的事，而会认为它是一种无意识行为，是需要诠释的。我认为，这次"走错地方"可能是因为我心里觉得离我再也见不到这位老妇人的日子已经不远了。

因此，我与迷信之人的区别如下：

如果一件事没有心理成分的参与，我不会相信它里面蕴含着能在未来塑造现实的秘密。但我确实相信，心理活动的无意识表达肯定包含着一些隐藏的东西，这些东西只存在于我的心中，也就是说，我只相信外部（现实）时机，不相信内在（心理）偶然。对于迷信的人来说，情况完全相反。他并不知道，自己的偶然行为和失误行为有其动机；他相信意外事件的存在，因此倾向于把原因归于表现在实际事件中的外部偶然性，并倾向于从意外事件中看到它所表达的隐藏在他之外的某种东西。

我和迷信之人有两点不同：首先，他把动机投射向外，而我会在自己身上寻找动机；其次，他用结果来解释偶然事件，而我用到的方法是追溯想法。他所认为的隐藏的东西，其实就是我所认为的无意识，但是我们都不把偶然当作偶然，都会去解释它。因此，我认为，有意识地忽略心理偶然动机，以及对无意识知识的缺乏，是迷信心理的根源之一。因为迷信者不知道自己偶然行为的动机，也因为这种动机会用尽全力让他意识到自己的存在，所以，他不得不把它放置在外部世界来处理。如果这种联系存在，它绝不会只局限于单一的情况中。事实上，我相信，世界上大部分神话理念，延伸到现代宗教，只不过是心理在外部世界的投射。无意识心理学，势必会再次改变把对心理因素和无意识关系的模糊感知（如内心感知）①当作一种构建先验现实的模式。

_____

① 这自然没有知觉的特征。——原注

我们很难用其他术语来表达它。在这里，把它类比为偏执妄想症会对我们有所帮助。我们大胆地用这种方式来解释天堂和人的堕落、上帝、善与恶、不朽的灵魂等，也就是说，将形而上学转化为心理玄学。偏执性情感转移和迷信性情感转移之间的差距，比它们乍一看时要小得多。当人类开始思考时，他们显然不得不以自己的形象为参照，拟人化地解释外部世界。他们用迷信的方式解释偶然事件，但事实上，它们是人类的行为和表达方式。就这一点而言，他们的表现和偏执狂一样，从别人微不足道的表现中做出结论，而且像所有正常人一样，以同胞的无意识行为为基础，判断他们的性格。只有以我们现代的哲学观来看，迷信观点才变得不合时宜，但是，在前科学时代和国家中，这种观点是合理，也是一致的。

如果看到一群乌鸦飞过，罗马人会因此放弃去做重要的事情，这种做法并无不妥，因为这种行为符合他们的信条。但是，如果一个罗马人因为在门槛上绊倒了而放弃一件事，那么，他绝对比其他不相信这种事的人要高明。虽然我们费尽心力想成为优秀的心理学家，可我们还不如他呢！被绊倒这件事，说明他心里存有疑虑，内心的逆流可能会削弱他在行动时的意图力量。我们只有集中心理力量，指向想达到的目标，才可能确保把事情做好。席勒作品《威廉·退尔》①中的退尔就是这样。他集中全力

---

① 威廉·退尔是瑞士民间传说中的英雄，席勒的剧本《威廉·退尔》使他闻名世界。

射中了儿子头上的苹果，这时，执行官问他，为什么还拿着另一支箭。他回答说："如果第一支箭伤了我的爱子，我会用第二支箭射死你；我一定会射中你！"

有机会通过精神分析研究隐藏心理感受的人，也一定能够告诉人们一些关于无意识动机特质的新内容，它们会用迷信来表现自己。患有强迫性思维和具有其他强迫性症状的神经症患者，通常都非常聪明，在他们身上，我们常常可以看到迷信来源于被压抑痛苦的敌对冲动。很大部分迷信都显示了对即将来临的灾祸的恐惧，有些对别人抱有恶念的人，因为教养原因，只能将这种念头压抑在无意识中。这种人特别容易因为无意识中的恶念而受到惩罚，表现为外界的灾难威胁着他。

这几句话并不能详述迷信心理，但我们至少应该触及这样的问题：我们是否应该完全否认迷信的现实根源；预兆、预言性的梦、心灵感应、超自然力量的表现是否并不存在；等等。我并不愿意毫无根据地否定所有这些现象，因为很多博学之士也观察到过这些现象，因此，我们理应对它们进行进一步的研究。我们甚至希望能够用现在掌握的无意识心理过程来解释其中的一些现象，而不需要彻底推翻我们现在的观点。如果其他现象，比如，灵学方面的现象，也应得到证明，那么，我们就应该考虑遵循新经验来修改我们的"规则"，这样才不会对世上事物的关系感到困惑。

在这些分析中，我只能主观地回答提出的问题，也就是说，根据我的个人经验来作答。我不得不抱歉地承认，我只是一个普通人，在我身上，灵魂不会出窍，也没有超自然现象发生，因此，我从来没能亲身体验过能够让人相信奇迹的事情。与其他人一样，我曾有过不祥的预感，也经历过不幸，但它们并没有相继发生。因此，在我产生不祥的预感时，后面并没有事情发生，而不幸来临的时候，也没有预告，总是悄无声息。我在年轻的时候，曾独自住在一个陌生的城市。我经常会忽然听到一个声音准确无误地亲切呼唤我的名字。我记下这种事发生的准确时刻，以便询问家人当时发生了什么。当然，什么事也没有发生。还有一次，我正在为病人治病，我很平静，完全没有预感到我的孩子差点因失血过多而死。我的病人也向我报告过一些预感，但是，我从来没能够把它们视为不真实的现象。

有许多人相信梦具有预言性，因为事实证明，曾经梦到过的事，后来的确发生了。但是，这并不足为奇，通常，梦与现实之间存在着很大的偏差，但做梦者却很轻信，总是会忽视这些偏差。

我这里就有一个很好的案例。我有一个病人，是一个既聪明又爱探寻真相的人，她做了一个预言性的梦，并把它告诉了我，让我为她详细地分析一下。她说，她曾经梦见自己在某街某商店门前遇到了以前的家庭医生。第二天早上，她去了城里，居然真的在梦中那个地方遇到了那个人。我注意到，这个奇妙的巧合具有意义，并不是因为后续发生了什么事，也就是说，它不能通过将来发生的事情来证明。

经过仔细询问，我发现，做梦的第二天早上，该女子并没有回忆起晚上的梦，也就是说，在出门遇到这名医生之前，她并没有想到这个梦。她并不反对，这件事情其实并不神秘，只不过是一个有趣的心理问题。一天早上，她走在某条街上，在某家商店门前遇到了她以前的家庭医生，一见到他，她就毫无怀疑地觉得自己在前一天晚上梦见过他，梦中的情景和现在一模一样。

随后的分析结果说明了她的这种确定感从何而来，一般情况下，我们都不会否认这种确定的感觉。在这里遇见这位医生，其实，与前一天一个约会有关。这位家庭医生唤起了她对旧时光的记忆，她通过这个医生认识了他的一位朋友，这个人，对她来说具有十分重要的意义。从那之后，她一直与这位先生保持着联系。但是，就在她提到这个梦的前一天，他们本来约好见面的，但他并没有来，让她白等了一遭。如果可以更详细地讲述一下前因后果，我可以很容易地证明，看到从前的朋友，她便幻想着前一天晚上做过这个具有预见性的梦，其实，她想表达的是如下内容："啊，医生，你让我想起了过去的日子。那时，只要我与N先生约好见面，从来没有白等过。"

我在自己身上也观察到了一个简单且非常容易解释的例子，这可能是一个很好的范本，代表了类似的"惊人巧合"——我们正想着某个人，哪知就真的遇见他了。

一天，我在市中心散步，那时我刚获得"教授"称号几天。即使是在君主制国家，教授也是一个很有威望的头衔。突然，我产生了一个十分孩子气的幻想，想要报复一对夫妇。几个月前，他们请我去为他们的小女儿看病。这个女孩做了一个梦，之后，她便开始出现某种有趣的强迫性行为。我对这个病例非常感兴趣，相信自己可以推测出她的病因。但是，她的父母不肯配合我的治疗，表示他们想请一位外国专家通过催眠的方式来治疗。于是，我开始幻想专家的治疗失败了，这对父母又来求我恢复治疗，他们现在完全相信我了。这时，我却回答他们说："我成了教授，你们才肯相信我，但头衔并没有增强我的能力。以前，我只是讲师时，你们不愿意用我。那么，我现在做了教授，你们也可以不用我。"我正想得入神，突然听到有人大声地给我打招呼："晚上好，教授！"

我的幻想被打断了，抬头看时，站在我面前的正是这对夫妇。

我快速地思考了一下，马上意识到这并非奇迹。这是一条笔直的街道，街上几乎空无一人。我不经意地瞥见有人远远地走过来，从样子判断，我意识到是这对夫妇。但是，这种感知，因为负幻想（negative hallucination）①模式，被某些情感动机搁置一边，然后在自发出现的幻想中表现了出来。

---

① 对本应看到的物体视而不见的一种精神病理状态，可见于癫痫、精神分裂症、游离转换障碍及催眠状态。

布里尔也提到过相似的经历，同时，它也揭示出了心灵感应的特征。下面是布里尔的讲述：

"每个周日晚上，我和妻子都会去纽约一家餐厅吃饭。我正专心地与她谈话，忽然，我停了下来，说了这句毫不相干的话："我想知道R博士在匹兹堡①怎么样了？'妻子惊讶地看着我，说：'我也正想着这个呢！究竟是你把这个想法传给了我，还是我把它传给了你，我们该怎样解释这种奇怪的现象呢？'我不得不承认，我无法给出答案。我们在吃饭过程中的整个谈话内容都与R博士没有半点联系。如果没有记错的话，我们已经有一段时间没有听说过他，也没有谈论起他了。我是一个怀疑论者，尽管内心并不确定，但我拒绝承认这件事有什么神秘可言。但坦率地说，我有点儿困惑。

"然而，这种情况并没有持续多长时间。当我们看向存衣间时，竟惊讶地看到了R博士。仔细一看，我们才发现自己认错了人，但我俩都惊呆了，因为这个陌生人与R博士实在是太像了！从存衣间的位置来看，这个陌生人刚才一定经过了我们的餐桌，但那时我们正专心谈话，并没能有意识地注意到他。但是，眼睛里留下的影像激起了我们对R博士的联想。我俩应该都是这样想的，这也是很自然的事情。最后一次通话时，R博士告诉我们，他在匹兹堡开了一家私人诊所，我们当然知道万事开头难，因此

---

① 位于美国宾夕法尼亚州西南部。

非常想知道命运有没有眷顾他。

"因此，我们以为是超自然表现的东西便很容易用正常方式去解释了。但是，如果那个陌生人离开了餐厅，我们并能及时地注意到他，我们就不可能排除其神秘性。我敢说，这种简单的机制是最复杂的心灵感应表现的基础。至少，在我所研究过的案例中，情况是这样的。"

奥托·兰克讲到了另一个案例，我们现在就来看看，兰克是如何解释这个"明显预兆"的[①]：

"前段时间，我碰到了神奇的巧合事件，我正想到谁，居然就遇见他了。圣诞节快到了，我去奥匈帝国银行，想换十个新的银币作圣诞礼物。虽然我的收入微薄，完全无法与银行里的巨额存款相提并论，但我沉浸在幻想中，痴心妄想银行里的钱都是我的。想着想着，我拐进了银行所在的那条狭窄的街道。在门前，我看到一辆汽车和进进出出的人。我心想道："银行柜员有空给我换新银币，但我要快一些把这事办完。我应该把纸币递给他，说：'请给我换成金币（Gold）。'我立刻意识到了自己的错误。我要换的是银币。然后，我从幻想中醒了过来。

"我注意到自己离入口处只有几步之遥，这时，一位年轻人向我走来，他看上去很眼熟，但因为我是近视眼，无法确定他是

---

① 《精神分析汇编》。——原注

谁。当他走近时，我认出他是我哥哥的同学，金（Gold）先生。金有一个兄弟，是著名的记者，在我进军文坛时，我曾希望他能帮我一把，但是，这个期望并没有实现，我也没有如自己希望的那样赚得个盆满钵满。但是，在我去银行的路上，我却一直幻想着自己已经是有钱人了。因此，在沉迷于幻想之际，我一定无意识地觉察到金先生走了过来。他在我心里留下了深刻的印象，我一边梦想着自己很有钱，一边让银行柜员给我换金币，而不是逊一等的银币。但是，另一方面，早在我眼睛看到某件东西之前，我的无意识就已经感知到它了，这种矛盾，在一定程度上可以用布洛伊勒的'准备情结'（Komplexbereitschaft）来解释。我的心感知到了这一点，而且，它无视我的想法，一开始就引导我走向了兑换金币的地方。"

这类事件是令人惊叹的，也是不可思议的。除此之外，还有另外一种情况，也应归于此列。在某个时刻，某种情况下，我们常常会产生奇怪的感觉，好像我们过去经历过这样的事情，或之前曾经身处这样的境地。然而，不管我们再怎么努力，也不能回忆起它们真的发生过。我知道，我把在某些时刻刺激我们的这种东西称为一种"感觉"，只是不严谨的口语化的说法，毫无疑问，我们处理的是一个判断，确切地说，是一种认知判断。这些情况具有自己的特点，此外，我们绝不能忽视这样一个事实，那就是我们永远不能回忆起我们正在寻找的内容。

我不知道这种似曾相识的现象是否可以用来证明个体前世心

理的存在，但可以肯定的是，心理学家对此很感兴趣，并试图用各种推断性方式来解开这个谜团。在我看来，他们提出的所有尝试性解释都是不对的，因为他们考虑的只是这种现象的伴随表现和支持条件。根据我的观察，即便是现在，心理学家们也常常忽略了那些可以用来解释似曾相识现象（也就是说，无意识幻想）的心理过程。

我认为，把以前经历过某事的感觉称为幻觉是错误的。相反，在这样的时刻，我们经历过的一些东西被触动了，只是我们不能有意识地回忆起它们，因为它们从来就不在我们的意识之中。简而言之，似曾相识的感觉，与无意识幻想记忆相对应。正如我们会有意识地创造一些东西，我们也会产生无意识幻想（或称白日梦），每个人都可以从个人经历中去了解它们。

我认为，这个问题值得仔细地研究，但在这里，我只会分析一个关于"似曾相识"的案例，因为在这个案例中，感觉特别强烈和持久。

一位三十七岁的女人告诉我，她记得非常清楚，十二岁半的时候，她去乡下看望一些同学。这是她第一次去那里，但是当她走进花园时，她立刻产生了一种以前去过那里的感觉。走进客厅时，那种感觉又来了，因此，她相信她事先就知道隔壁房间有多大，以及从那里望出去，她会看到什么。但是，产生这种熟悉感可能因为她以前参观过这幢房子和花园，也许是在她很小的时候，但在问过父母之后，这个原因就被否定了。这个女人没有从心理学方面去解释此事，而是从这种感情表现中看到了这些朋友后来在她感情生活中所起的重要作用。然而，如果考虑到这种现象发生的背景，我们就会另做解释了。

在她决定来拜访时，她就知道这些女孩有一个兄弟，他是家里唯一的男孩，而且病得很重。拜访期间，她见到了他，发现他的情况很糟糕，便心想他一定活不久了。巧合的是，几个月前，她自己唯一的兄弟患上了严重的白喉病。在他生病期间，她不得不离开父母，去离家很远的亲戚家住上几个星期。她相信，她的兄弟也同他一起去了乡下，她甚至设想，这是他生病以来第一次长途旅行。尽管如此，她对这些记忆点非常的模糊，而对于其他细节，特别是她在那天穿的裙子，却历历在目。

从中，我们不难看出，当时，这个女孩希望她的兄弟死去，这一点在她的脑中产生了重要的影响，但她没有意识到这个愿望，或者在他病情好转之后，她把这种想法压制下去了。如果情况相反，她将不得不穿上另一条裙子，也就是说丧服。她看到，朋友家里也出现了相似的情况：他们唯一的兄弟处于危险之中，很可能会夭折。不久之后，这件事真的发生了。她可能意识到，几个月前，她也有过类似的经历，却没有回忆起被压抑的东西，从而把记忆中的感觉转移到了特定的地点，也就是花园和房子上，并把它融入了"记忆幻觉"（fausse reconnaissance）之中，觉得一切都是自己见过的。

从压抑这一事实来看，我们可以得出结论，她希望自己的兄弟死去，这种期望与愿望幻想（wish-fantasy）的性质相去不远。如果兄弟死了，她就成了家中唯一的孩子。后来，她患上了神经症，因为害怕失去父母而非常痛苦。对此，精神分析显示，与通常情况下一样，这也揭示了她无意识中的这个愿望。

我也有过似曾相识的经历，对此，我可以用类似的方法追溯到那一时刻的情感丛（emotional constellation）。也许，我们可以这样说："那将是唤醒某些幻想的（无意识和未知的）又一个机会。某个时刻，这些幻想在我心中形成，它们代表了我想改变处境的愿望。"①

最近，我给一位同行详细讲述了一些遗忘名字的案例，他是一个有哲学头脑的人，听到我的分析，他急忙回答说："这很好，但我遗忘名字时，情况并不是这样的。"显然，我不能轻易地放过这个问题。我不相信，我的这位同行曾经想过要分析遗忘名字的情况，也不相信他能说出这个过程在他身上有什么不同。然而，他的话却触及了一个很多人都关心的问题，即人们从失误和偶然行为中得出的答案是普遍情况，还是仅适合于特定

---

① 迄今为止，只有一个人赞同我这样解释"Déjà vu"（似曾相识）的感觉，他就是费伦齐博士，我也很感激他对本书第三版所做出的诸多贡献。他写信告诉我说："我确信，说不清道不明的熟悉感指的就是无意识幻想，这里，有我自己的亲身体验，也有别人告诉我的。在现实场景中，我们会不自觉地记起这些幻想。我有一个病人，他也出现过这种似曾相识的感觉，其过程看似不同，但实际情况却非常相似。他常常产生这种感觉，但往往表现为来源于前一晚梦里被遗忘的（压抑的）部分。因此，Déjà vu（似曾相识）不仅可以产生于白日梦，也可以源于晚上做的梦。"——原注

案例。如果是后者，那么在什么条件下，它可以用来解释其他现象呢？

要回答这个问题，我的经验一点儿也派不上用场。但是，我绝不认为我们所呈现的这种联系很罕见，因为我经常拿自己和我的病人来测试，得到的结果都和案例中报告的完全一致，或者至少可以说，我们的假设是非常有道理的。然而，如果不是每一次都能成功地找出症状性行为的隐藏含义，我们也不必感到惊讶，因为心理阻抗是我们必须考虑的决定性因素，阻抗的强度会影响到我们寻找答案。同理，我们也不可能去解释自己或病人的每一个梦。要证明这一理论的普遍有效性，穿透一段距离，进入隐藏的联想中，也就足够了。梦是难以把握的，我们努力地在醒来后寻找关于它的答案，但是，秘密往往会在一周或一个月后才能揭晓，因为这段时间，各种心理因素的对抗减弱，事情的真相才会慢慢浮出水面。在寻找失误行为和症状性行为的答案时，也会遇到这样的情况。因此，去证实所有会阻抗精神分析的案例是不正确的，因为它们并不由这里所揭示的心理机制所引起。引发它们的，是其他心理机制。这类假设不需要反面证据。此外，我们愿意相信失误行为和症状性行为有别的解释，它们可能普遍地存在于所有正常人身上，并不能证明什么。它所表达的显然也是同一种精神力，制造秘密的那些力量，并因此努力保护它，不愿意它被解释和阐明。

此外，我们绝不能忽视一个事实，那就是被压抑的想法和感觉并非孤立地在症状性行为和失误行为中表现出来。这种神经调整，具有技术上的可能性，必须独立地提供，然后，才能为被压抑的内容所用，将它们变成意识表现。在口误的案例中，哲学家和语言学家都试图通过精微地观察，找出哪些结构性和功能性关系为这种意图所用。如果在失误行为和症状性行为的测定中，我们将无意识动机和与其相互作用的生理、心理–物理联系分割开，那么，我们就无从知晓是否有其他因素，如无意识动机，可以在正常范围内，或者在这个位置上，制造失误行为和症状性行为。当然，解答这个问题，并不是我的任务。

从开始讨论口误起，我们就一直在证明，失误行为具有隐藏的动机，而且，在精神分析的帮助下，我们一路追溯，了解了它们的诱因。但是，迄今为止，我们都没有考虑其一般特征，以及在这些失误行为中表现的心理因素的特殊性。总之，我们没有试着更准确地定义它们，也没有试图检测它们的合规性。现在，我们也不打算彻底阐明这个主题，因为我们已经知道，从另一个侧面切入这种结构更为可行。在这里，我们先摆出这个问题，然后，我会依次引证它们。

（1）失误行为和偶然行为表现了某种思想和感情，其内容和根源是什么？

（2）在什么条件下，思想或感情会通过它们来表达，或会把它们放置在这个位置上？

（3）失误行为的方式与通过它表现的特性之间能否展示定

常联想？

首先，我会收集一些材料来回答最后一个问题。在讨论口误的案例时，我们发现，超越想要表达的内容是非常必要的，我们不得不在意图之外来寻找言语受到干扰的原因。在很多案例中，后者都是很清楚的，说话者也能够意识得到。在那些看似一眼就能看穿的简单案例中，出现错误的地方发音相似，但它们表达的观点却不同，从而干扰到了表达，但是，没有人能够说出，为什么人们会用一个词替代另一个词（即梅林格和迈尔所说的"拼凑"）。

在第二组案例中，想法屈从于动机，但是，这个动机并没有强烈到将其完全淹没，于是，被抑制的想法清楚地呈现在了意识中。

只有在第三组案例中，我们才能够完全肯定，制造干扰的想法与本来想表达的不同，而且很明显，它们具有本质上的区别。干扰想法或者通过思想联想（内在矛盾）与干扰形成联系，或者两者之间根本就没有多大联系，受到干扰的词语与受干扰思想因为一个意料之外的非主观联想发生了联系。这种情况往往是无意识的。

从我提供的精神分析案例中，我们可以发现，整个讲话要么同时受到变得很活跃的想法的影响，要么受到无意识想法的影响。人们完全意识不到这些无意识想法，他们只能通过干扰来呈现自己，或者通过使要表达的内容互相干扰，造成一种间接影响。引发言语干扰的无意识想法多种多样，我们平时的研究调查没有显示任何明确的方向。

在对误读和误写进行对比研究后，我也得出了同样的结论。孤立的案例，如口误中的例子，其起源可以归因于一种无动机的凝缩作用（比如前面提到过的"猴苹"一例）。但是，我们想知道，是否在特殊条件被满足的情况下，这种梦中和醒时犯错误情况下经常出现的凝缩才会发生。我们还不能从案例中得到与此相关的信息。但是，我拒绝由此得出结论，说此类条件，例如，意识注意的松懈，并不存在，因为我已经从其他地方了解到，无意识行动最显著的特点就是正确性和可靠性。在这里，我想强调一个事实，在心理学中，与在生物学上一样，正常关系或者那些接近正常的关系，并不如病理性关系那么容易研究。我们通过解释简单的干扰得到的结论，仍然存在模糊的地方，我想，只有通过解释更严重的干扰，这些模糊之处才能变得明了。

同样，误读和误写也不乏这样的案例，我们可以从它们之中看到更深远、更复杂的诱因。

毫无疑问，言语功能更容易受到干扰，比起其他心理行为来说，它对干扰力的要求更低一些。

但是，当人们根据字面意思来审视遗忘（即忘记过去的经历）的时候，立足点是不同的。（为了将这种遗忘与其他遗忘区分开，我们在这里把狭义地忘记专属名和外语词汇，如第一章和第二章中所述，称为"遗忘"，把意图的遗忘称为"遗漏"。）

正常的遗忘过程主要需要哪些条件，我们并不知晓。①我们还应该留意的是，我们以为的遗忘，并非真的就是遗忘。我们在这里解释的案例，只涉及那些不该遗忘却被遗忘的内容，因为它违背了"不重要的事才会被遗忘，重要的事受到记忆守护"这一原则。分析这些遗忘的例子，总是会不情愿地回忆起一些事情，它们会唤起痛苦的感觉。我们由此可以猜想，一方面，这种动机会极力地在心理生活中彰显自己，但另一方面，它又会遭到其他反对力量的抑制，而不能经常地表现出来。人们不喜欢回忆起痛苦的感觉，其程度有多深，意义有多大，是心理学上值得下苦功夫去调查研究的问题。至于在什么特殊条件下，使普遍抗拒的遗忘在个别情况下成为可能，这个问题并不能通过这种额外的联想来解决。

---

① 对这种遗忘的机制，我想给出以下概述。记忆材料通常会受到两种影响：凝缩和歪曲。在心理生活中，歪曲是一种主导倾向，它首先指向记忆痕迹中的情感残留。它们对凝缩持一种更加抗拒的态度。相反，中立的记忆痕迹会不加反抗地并入凝缩过程。此外，我们也可以观察到，歪曲倾向也会以中立材料为其内容，因为它们没能在自己希望显现的地方得到满足。这些凝缩和歪曲过程持续的时间很长，在此期间，新经历会作用于记忆内容的转换。因此，我们相信，时间会让记忆变得不确定和模糊。很可能的是，在遗忘中，真的不存在时间直接起作用的问题。从被压抑的记忆痕迹中，我们可以肯定地知道，即使时间再长，它们也并没有发生变化。因此，无意识是不受时间限制的。心理固着的最重要和最不寻常的特征是：一方面，所有印象都以它们被接收时的形式保留着，另一方面，又以它们在进一步的发展中具有的形式保留着。这种情况是绝无仅有的，无法通过与其他领域的比较来阐明。因此，根据这个理论，记忆内容会恢复到以前的样子，即使它们的原始联系已经早已被新联系所取代。——原注

在产生遗忘意图的情况下，需要考虑的是另一个因素。痛苦回忆导致了压抑，压抑又带来了所谓的冲突，这种冲突可以被感知到，而且在分析例子时，我们也意识到了反意志力（counter-will）的存在。这种反力量会阻碍意图，但不会终止它。和之前讨论过的失误行为一样，我们在这里也看到了两种类型的心理过程：反意志力或直接对抗意图（在意图实现某种结果的情况下），或实质上与意图本身无关，但通过非主观联想与之联系起来（在意图无关紧要的情况下）。

这种冲突也支配着错误行为的发生。在干扰行为中表现出来的冲动，往往也是一种对立冲动。更常见的情况是，它完全是一种无关冲动，只想利用这个机会，通过行为中的干扰把自己表现出来。那些由内心冲突产生干扰的例子更有价值，它们所涉及的行为也更重要。

偶然行为（或称症状性行为）中的内在冲突，不显山露水。那些运动神经的表达方式是无意识感觉或受到抑制的感觉的表现形式，但意识很少注意到，甚至会全然忽视它们。在大多数情况下，它们象征性地展示了愿望和幻想。对于第一个问题（表现在这些失误行为中的想法和情感的来源是什么），我们可以回答说，在一系列案例中，干扰想法的来源，都很容易追溯到心理生活中被压抑的情绪情感上。即使对健康人来说，自我本位的、嫉妒的、敌对的感觉和冲动也承载着道德压力，会常常利用失误行为为出口，表达其不可否认的存在力量，因为更高层次的心理步骤并不认可它。允许这些失误行为和偶然行为继续出现，在很大程度上相当于适度地容忍不道德的东西。各种各样的性冲动在这些压抑的情感情绪中起到了不无重要的作用。在我分析过的例子中，它们很少出现，这实属巧合。在前面，我现身说法，分析了许多自身的例子，因此，从一开始，我选这些例子就是有偏向性的，已经排除了与性相关的问题。在其他情况下，干扰想法似乎源于完全无害的阻碍和考虑因素。

现在，我们来回答第二个问题：在什么样的心理条件下，一种想法不能以其完整形式，而是要以一种寄生的方式，通过更改和干扰另一个想法才能表现出来？

从典型的失误行为案例中，可以看到，我们显然应该在与意识能力的关系中，或者在"被压抑"内容的明显特性中，寻找这种决定因素。但是，在调查研究了这一系列案例后，我们发现，这一特性由许多模糊因素组成。由于一种事情乏味，或者因为一种想法并不真正属于预期中的事件，而倾向于忽视它。这些感觉似乎与带着动机去压制一个想法（其表现方式后来依赖于对另一个想法的干扰）作用相当，都是从道德上谴责一种叛逆的情感，或者都是来源于绝对的无意识思想。想要找出失误行为和偶然行为的一般条件特征，这种方式是行不通的。

然而，这种调查研究还是告诉了我们一个重要的事实：失误行为的诱因越是无害，越是不那么令人讨厌，意识也会因此没那么无能。留意到这一点之后，找到这种现象的答案也就更容易了。我们会注意到简单的口误，并立即纠正它。当诱因来源于压抑的情感情绪时，需要经过艰苦的分析才能找到答案，有时可能会遇到困难，甚至以失败而告终。

因此，我们有理由相信，想要为失误行为和偶然行为的心理确定因素找到满意的解释，我们需要另一种方式，以及有另一个来源。从这些讨论中，宽容的读者们可以看到断裂面，从中，这个主题人为地从一个更广泛的联系中逐渐形成。

最后，我想对这个广泛的联系进行简单的说明。失误行为和偶然行为的机制，如我们通过分析所知，从根本上与梦形成的机制具有一致性。对于梦形成的机制，我在《梦的解析》一书中《梦的工作》那一章讨论过。在这两者之中，我们都发现了凝缩和折中形成（拼凑）。此外，它们的情况在很大程度上是一样的，因为无意识想法会用不寻常的方式和通过非主观联想来更改其他想法，以此找到表达自己的方式。由于梦中的内容通常不一致，荒谬而又漏洞百出，所以，人们很少会认为梦是一种心理产物（当然梦使用现存素材的方式要更自由），与我们日常生活中常见的错误同源。在两种情况下，错误机能的出现，都可以用两个或更多正确行为特殊的相互干预来解释。

从这种结合中，我们可以得出一个重要的结论：这种特殊的运作模式——其非同寻常的功能，我们可以在梦境中看到——不应该仅仅被认为是心理生活的休眠状态，因为，我们有充足的证据可以证明，在清醒状态下，它也以失误行为的形式活跃着。同样的联系也让我们无法假设，这些让我们觉得不正常、奇怪的心理过程，由深层遭到破坏的心理活动或病态功能状态所决定。①

这种奇怪的心理运作，是失误行为的发端，梦中出现的画面也发源于此。只有在我们发现精神神经症症状，特别是歇斯底里症和强迫性神经症的心理构成，在其机制中不断地重复这种运作模式的基本特征后，才可能正确地理解这种心理运作。因此，如果我们想要继续研究调查，必须从这里开始。

在思考失误行为、偶然行为（症状性行为）的时候，我们还对另外一种类比感兴趣。如果把这些行为与精神神经症功能和神经症症状行为进行比较，我们经常提到的两种观点就是合理的，也得到了确认。首先，神经症状态、正常状态和异常状态之间的界线十分模糊；其次，我们每个人都有轻微的神经质。不管有没有医疗经验，人们都可以解释各种类型的几乎没有被表现出来的紧张，顿挫型的（formes frustes）②神经症。在一些案例中，患者的症状很少，或者症状很少表现出来，也很温和。也就是说，病态表现的量少，强度低，持续时间也不长。而且，很有可能的是，这种类型也许永远也不会被发现，因为它一直在健康与疾病之间频繁转换。这种介于中间的类型，会以失误行为和症状性行为来呈现自己的病态，其特点是把症状转化为不重要的心理活动，而那些声称具有更高心理价值的东西都不会受到干扰。如果

---

① 参见《梦的解析》一书。——原注
② 一种畸形疾病或综合征的表现极为轻微而无临床意义时，称为顿挫型。

症状以相反的方式出现，也就是说，当它们表现在重要的个人和社会活动中，干扰到了饮食功能和性关系、职业生涯和社会生活，这就是严重的神经症病例才具有的倾向了，这比那些具有多样鲜活病理性表现的情况更为典型。

但是，无论是轻微的病例，还是严重的病例，它们都有一个共同点（失误行为和偶然行为当然也是如此），那就是它们能够把现象指向不受欢迎的、压抑的心理内容，尽管它们远离了意识，然而，并没能被剥夺所有表达自己的能力。